Les frontières du corps & de l'espace

La métaphysique de Newton

Ce livre est le 64ème livre de la

Collection Eidos

by RETINA.International

dirigée par
François Soulages & Michel Costantini

Comité scientifique international de lecture

Argentine (Silvia Solas, Univ. de La Plata), (Alberto Olivieri, Univ. Fédérale de Bahia,), *Bulgarie* (Ivaylo Ditchev, Univ. de Sofia St Clément d'Ohrid), *Chili* (Rodrigo Zuniga, Univ. du Chili, Santiago), *Corée du Sud* (Jin-Eun Seo (Daegu Arts University, Séoul), *Espagne* (Pilar Garcia, Univ. Sevilla), *France* (Michel Costantini & François Soulages, Univ. Paris 8), *Géorgie* (Marine Vekua, Univ. de Tbilissi), *Grèce* (Panayotis Papadimitropoulos, Univ. d'Ioanina), *Japon* (Kenji Kitamaya, Univ. Seijo, Tokyo), *Hongrie* (Anikó Ádam, Univ. Pázmány Péter, Egyetem), *Russie* (Tamara Gella, Univ. d'Orel), *Slovaquie* (Radovan Gura, Univ. Matej Bel, Banská Bystrica), *Taïwan* (Stéphanie Tsai, Unv. Centrale de Taiwan, Taïpei)

Série RETINA

3 François Soulages (dir.), *La ville & les arts*
11 Michel Gironde (dir.), *Les mémoires de la violence*
12 Michel Gironde (dir.), *Méditerranée & exil. Aujourd'hui*
13 Eric Bonnet (dir.), *Le Voyage créateur*
14 Eric Bonnet (dir.), *Esthétiques de l'écran. Lieux de l'image*
17 Manuela de Barros, *Duchamp & Malevitch. Art & Théories du langage*
18 Bernard Lamizet, *L'œil qui lit. Introduction à la sémiotique de l'image*
30 François Soulages & Pascal Bonafoux (dir.), *Portrait anonyme*
31 Julien Verhaeghe, *Art & flux. Une esthétique du contemporain*
35 Pascal Martin & François Soulages (dir.), *Les frontières du flou*
36 Pascal Martin & François Soulages (dir.), *Les frontières du flou au cinéma*
37 Gezim Qendro, *Le surréalisme socialiste. L'autopsie de l'utopie*
38 Nathalie Reymond *À propos de quelques peintures et d'une sculpture*
39 Guy Lecerf, *Le coloris comme expérience poétique*
40 Marie-Luce Liberge, *Images & violences de l'histoire*
41 Pascal Bonafoux, *Autoportrait. Or tout paraît*
42 Kenji Kitayama, *L'art, excès & frontières*
43 Françoise Py (dir.), *Du maniérisme à l'art post-moderne*
44 Bernard Naivin, *Roy Lichtenstein, De la tête moderne au profil Facebook*
48 Marc Veyrat, *La Société i Matériel. De l'information comme matériau artistique, 1*
49 Dominique Chateau, *Théorie de la fiction. Mondes possibles et logique narrative*
51 Patrick Nardin, *Effacer, Défaire, Dérégler... entre peinture, vidéo, cinéma*
55 Françoise Py (dir.), *Métamorphoses allemandes & avant-gardes au XXe siècle*
56 François Soulages & Sandrine Le Corre (dir.), *Les frontières des écrans*
57 Agathe Lichtensztejn, *Le selfie aux frontières de l'egoportrait*
58 François Soulages & Alejandro Erbetta (dir.), *Frontières & migrations Allers-retours géoartistiques & géopolitiques*
60 François Soulages & Aniko Adam (dir.), *Les frontières des rêves*
61 M. Rinn & N. Narváez Bruneau (dir.), *L'Afrique en images. Représentations, idées reçues de la crise*
62 Michel Godefroy, *Chirurgie esthétique & frontières de l'identité*
63 Thierry Tremblay, *Frontières du sujet. Une esthétique du déclin*
64 Stéphane Kalla Karim, *Les frontières du corps & de l'espace. La métaphysique de Newton*

Suite des livres publiés dans la Collection *Eidos* à la fin du livre

Secrétariat de rédaction : Sandrine Le Corre

Publié avec le concours de

INTER RETINA

Recherches Esthétiques & Théorétiques sur les Images Nouvelles & Anciennes

Stéphane Kalla Karim

Les frontières du corps & de l'espace

La métaphysique de Newton

Préface de Jean-Paul Delahaye

L'Harmattan

Ce livre est le 41ème de

FRONTIÈRES Groupe de Recherche by RETINA.International

Sous la direction de François Soulages

FONDEMENTS DES FRONTIÈRES
géoartistiques & géopolitiques, géoesthétiques & géothéoriques

François Soulages (dir.), *Géoartistique & Géopolitiques. Frontières,* Paris, L'Harmattan, Coll. Local & Global, 2012

Gilles Rouet & François Soulages (dir.), *Frontières géoculturelles & géopolitiques,* Paris, L'Harmattan, Coll. Local & Global, 2013

Gilles Rouet (dir.), *Quelles frontières pour quels usages ?,* Paris, L'Harmattan, Coll. Local & Global, 2013

François Soulages (dir.), *Mondialisation & frontières. Arts, cultures & politiques,* Paris, L'Harmattan, Coll. Local & Global, 2014

Éric Bonnet & François Soulages (dir.), *Lieux & mondes. Arts, cultures & politiques,* Paris, L'Harmattan, Coll. Local & Global, 2015

PROBLÈMES des Frontières géoartistiques & géopolitiques

François Soulages (dir.), *Biennales d'art-contemporain & frontières,* Paris, L'Harmattan, coll. Local & Global, 2014

Benoît Blanchard, *Circulations & frontières. La Polynésie des Biennales,* Paris, L'Harmattan, coll. *Local & Global,* 2015

Pedro San Ginès & François Soulages (dir.), *Fronteras, Conflictos & Paz,* Granada, Edición de la Universidad de Granada, Colección Eirene Instituto de la Paz y los Conflictos, 2014

Pedro San Ginès & François Soulages (dir.), *Frontières, Conflits & Paix,* Granada, Edición de la Universidad de Granada, L'Harmattan, Colección Eirene Instituto de la Paz y los Conflictos, 2014

François Soulages, Alejandra Niedermaier & Alejandro Erbetta (dir.), *La experiencia fotográfica en diálogo con las experiencias del mundo,* Buenos Aires, Cuaderno 59, 2015

François Soulages & Alejandro Erbetta (dir.), *Frontières & migrations. Aller-retour géoartistiques & géopolitiques,* (dir.), Paris, L'Harmattan, coll. *Eidos,* série RETINA, 2015

François Soulages & Sandrine Le Corre (dir.), *Les frontières des écrans,* Paris, L'Harmattan, Coll. *Eidos,* Série RETINA, 2015

Agathe Lichtensztejn, *Le selfie aux frontières de l'égoportrait,* Paris, L'Harmattan, coll. *Eidos,* série RETINA, 2015

Michel Godefroy, *Chirurgie esthétique & frontières de l'identité,* Paris, L'Harmattan, coll. *Eidos,* série RETINA, 2015

Suite des titres *Frontières* à la fin du livre

5-7, rue de l'Ecole-Polytechnique, 75005 Paris

http://www.harmattan.fr
diffusion.harmattan@wanadoo.fr

ISBN : 978-2-343-07543-3
EAN : 9782343075433

Préface

Le mécanisme cartésien était naïf, limité et scientifiquement impuissant. Il fallait franchir une frontière et la déchirer pour rendre possible le premier espace de la physique moderne qui sera suivi par d'autres au vingtième siècle. Newton est le savant-philosophe qui réalise ce travail téméraire : il repense l'espace et les objets qui l'occupent, et ce que veut dire occuper une position pour un corps. L'espace est devenu éternel, immobile et infini ; l'espace est devenu « absolu ». Sa perfection ontologique rend possible et légitime la mathématisation (elle-aussi redéfinie par Newton) et le travail d'une science physique posée sur des bases nouvelles, plus abstraites et même dématérialisées. Comme Albert Einstein qui plus tard reprendra la pensée de l'espace en y mêlant intimement le temps, Newton devait refonder notre idée des corps qui sont par lui *dévalorisés* et qui laissent le rôle central au contenant idéalement pur et vide qu'est l'univers tridimensionnel de la géométrie. Celui-ci est bien plus à même de recevoir les visions et les rapports symboliques et numériques que les mathématiques savent y inscrire et que Newton invente (en même temps que Leibniz) avec le calcul infinitésimal, pour que la physique s'y déploie et triomphe dans un infini devenu actuel et pourtant effectif. Stéphane Kalla nous aide à saisir ce franchissement opéré en profondeur dans l'organisation des principes et des concepts primitifs de la pensée du monde physique, franchissement d'une frontière que Newton opère en lui et pour lui dans un premier temps, puis pour toute la pensée européenne. L'auteur sait voir et expliquer cette audace qui silencieusement s'impose et renverse, dans ce qui n'est parfois perçu que comme une nouvelle physique et qui est bien plus que cela pour le philosophe attentif et délicat qui ausculte les concepts. Il nous guide pour une relecture du grand Newton dont on n'a pas fini de prendre la mesure dans l'incroyable basculement dont il fut la cause et le moteur.

Jean-Paul Delahaye
Mathématicien
Professeur émérite
à l'Université des Sciences et Technologies de Lille (Lille 1)

Introduction

La notion de « frontières » en métaphysique désigne les démarcations conceptuelles et principielles que le métaphysicien tâche de tracer pour penser l'*être*, autant l'être en soi que l'être des choses. La notion de « frontières » désigne aussi bien les efforts du métaphysicien que les résultats de ses investigations. Pour illustrer cette idée, prenons l'exemple du fameux dualisme cartésien de la « res cogitans » et de la « res extensa ». Il s'agit bien d'un découpage de l'être en deux substances hétérogènes, parfaitement distinctes, aux attributs formellement irréconciliables. La *frontière* établie entre ces deux notions ne peut donc être franchie, ou niée, sans détruire par la même occasion toutes les fondations du système métaphysique cartésien, ce dernier reposant en effet sur la distinction ontologique entre d'un côté la « res cogitans », qui dispose d'une complète, claire et distincte conscience d'elle-même, et de l'autre la « res extensa », ou « matière », qui est un ensemble de corps se mouvant mécaniquement, et ne s'apercevant ni d'eux-mêmes, ni des autres êtres, quelle que soit la forme qu'ils présentent (automate, végétal, animal). Ainsi, nous devons nous représenter la notion de « frontières » en métaphysique comme rendant compte des délimitations conceptuelles d'un système de pensée s'attachant à isoler les attributs premiers (et dérivés) de l'être, et ce sont ces délimitations qui rendront ledit système autonome et singulier dans l'Histoire des idées. La *critique* (κριτική) d'un système s'attachera à mettre en branle et reconfigurer les frontières de ce dernier, par des déplacements et modifications conceptuels aux conséquences épistémologiques parfois cruciales[1]. Ces déplacements ne peuvent se faire n'importe comment, ils doivent être opérés minutieusement selon des règles méthodologiques précises, dépendantes des référents épistémiques et paradigmatiques d'une période donnée de l'Histoire des idées. L'objet du présent ouvrage est justement de montrer de façon précise et détaillée comment Isaac Newton, héritant des principes de la métaphysique cartésienne, s'évertuera à déplacer les frontières ontologiques de ce système selon lui trop rigide, trop dichotomique, et surtout trop lacunaire pour fonder de façon durable une science des mouvements des corps. Parmi les principes nodaux de la métaphysique cartésienne, Newton critiquera le dualisme ontologique de la *substance pensante* et de la *substance étendue*, la réduction du corps à l'étendue, la prétendue impossibilité de l'existence du vide, sans oublier le rapport de Dieu à l'espace, aux corps et aux esprits. En repoussant certaines frontières spéculatives et conceptuelles du système cartésien qu'il jugeait trop contraignantes, Newton esquissera dans son propre système métaphysique les contours d'un nouveau monde où la loi de la gravitation pourrait prendre sens.

Nous expliquerons, en suivant minutieusement (non sans un regard critique) les démonstrations du *De gravitatione et aequipondio fluidorum*, comment la représentation newtonienne d'un « espace absolu » puise ses racines métaphysiques dans une profonde remise en cause de la conception cartésienne du corps et de l'étendue[2]. En effet,

---

[1] Le projet derridien de la « *déconstruction* » trace, tout en les identifiant, les frontières de la métaphysique occidentale afin de mieux les circonscrire et les transgresser. Pour en savoir plus, voir l'article de Marc-Antoine Vallée : « *Frontières de la métaphysique : déconstruction, herméneutique et métaphysique* », *Ithaque. Revue de philosophie de l'Université de Montréal*, Vol. 3, 2008, pp. 27-48.

[2] Les notions suivantes : « espace », « étendue » et « extension » sont

Descartes utilise le concept d'*étendue* afin de rendre compte de la nature corporelle :

> Nous saurons que la nature de la matière, ou du corps pris en général ne consiste point en ce qu'il est une chose dure, ou pesante, ou colorée ou qui touche nos sens de quelque autre façon, mais seulement en ce qu'il est une substance étendue en longueur, largeur et profondeur.[3]

Dans une telle perspective, la frontière du corps et de l'espace est abolie, l'étendue étant l'attribut principal de la matière et du corps. Or, si Newton s'accorde en partie avec Descartes sur le fait que la matière est constituée de corpuscules qui se déplacent dans l'espace, il rejette catégoriquement l'identification cartésienne de l'étendue et de la matière, et par conséquent *nie que l'espace puisse être réductible aux corps*. Mais pourquoi ?

Tout d'abord, si tout espace est corps, comment poser encore une frontière entre les corps eux-mêmes, garante de leur différenciation ? En effet, si tout est matière, un vase posé sur une table ne désigne pas deux objets distincts (si ce n'est arbitrairement, par une simple vue de l'esprit), mais un amas de corpuscules intégré dans un champ de corpuscules indéfiniment étendu en longueur, largeur et profondeur. Cette frontière entre les corps est d'autant plus réduite que Descartes ne considère point l'impénétrabilité comme étant un attribut essentiel du corps.[4] Dans un tel système métaphysique, l'identité singulière de chaque corps est méthodiquement niée par un réductionnisme ontologique reposant sur l'idée de « matière ». Cette perte d'identité du corps s'accompagne donc d'une perte des frontières sensibles délimitant les

---

synonymes dans l'œuvre de Descartes.

[3] René Descartes, *Les Principes de la Philosophie*, Seconde partie, in Œuvres philosophiques, Tome III, 1643-1650, Édition de Ferdinand Alquié, Classiques Garnier, Bordas, Paris, 1989, § 4, p. 149.

[4] En effet, « […] personne n'a encore démontré que la faculté d'être touché, ou l'impénétrabilité, soient des propriétés qui conviennent à la substance étendue. » René Descartes, *Lettre à Henri More, 15 avril 1649*, Adam & Tannery, V p. 341.

présences corporelles perçues dans le monde. Ainsi, en rejetant l'idée qu'une séparabilité *réelle* puisse exister entre les corps, en raison du principe que tout ce qui est étendu doit être composé de matière, Descartes écarte le concept de *vide*. Or, dans une physique uniquement fondée sur des lois du choc des corps, comme l'est celle de Descartes, comment penser l'action à distance de la gravitation universelle ? Nous verrons comment Newton réintroduit le concept de *vide* dans son propre système métaphysique et les conséquences que cette réhabilitation dudit concept aura dans l'élaboration de la théorie de la gravitation universelle. Cette frontière du vide et du plein, corrélative de celle du corps et de l'étendue, doit être pensée en rapport avec une autre frontière métaphysique, tout aussi opaque et difficile à saisir, celle de l'âme et du corps. En effet, tout aussi problématique est aux yeux de Newton le dualisme cartésien des substances pensante (*res cogitans*) et corporelle (*res extensa*) : si toute étendue est corps, comment l'esprit immatériel (et donc *inétendu* par essence) peut-il exercer une action causale sur le corps ? Newton reprochera notamment à Descartes de faire s'absenter l'esprit du monde en lui retirant la possibilité d'être « quelque part ». Nous verrons comment Newton tente de réintroduire l'esprit *dans* l'étendue, réajustant à cette occasion les frontières séparant ces deux réalités qu'il fera coïncider dans son système par l'usage de la notion de *présence*, et plus spécifiquement de la *présence divine* dans l'univers, qui doit rendre compte, par analogie, des interactions de l'esprit et du corps dans l'homme. C'est donc une autre frontière que nous aborderons dans cet ouvrage, propre aux questions théologiques, celle qui sépare la créature de son Créateur, celle qui sépare l'espace infini de Dieu, celle qui sépare la matière mue par Dieu de Dieu Lui-même. Enfin, un peu comme un fil conducteur de notre démonstration, nous traiterons de la frontière du rêve et de l'éveil, celle qui traverse les *Méditations Métaphysiques* de Descartes, et qui selon nous détermine toutes les précédentes, car le métaphysicien qui s'occupe de la *nature* des êtres, trace des démarcations entre les réalités qu'il étudie en fonction des attributs qu'il leur accorde, or, nous le verrons, penser les rapports de l'esprit aux corps présents dans l'espace implique de déterminer de façon certaine que l'espace en question ainsi que les corps qui s'y trouvent sont d'une *nature* clairement distincte de celle des objets et des lieux que nous percevons au cours de nos rêves, sans quoi il ne serait point possible de s'assurer qu'il existe bien des objets indépendamment (et au-delà) des perceptions et représentations que nous en avons[5]. D'ailleurs, devant son incapacité à fonder et distinguer clairement la *nature* corporelle (pour des raisons que nous expliquerons en détail dans le présent ouvrage), Newton entreprend de dissocier ontologiquement l'espace et le corps, absolutisant

---

[5] « [...] on objectera que nous voyons effectivement les choses hors de nous, ou à distance et que, par conséquent, elles n'existent pas dans l'esprit, car il est absurde que les choses qui sont vues à plusieurs milles de distances soient aussi proches de nous que nos propres pensées. En réponse à cela, je désire que l'on considère qu'en rêve nous percevons souvent des choses comme si elles existaient à une très grande distance de nous et que, pourtant, nous reconnaissons que ces choses n'ont d'existence que dans l'esprit. » George Berkeley, *Principes de la connaissance humaine*, GF-Flammarion, 1991, §42, p. 88.
Leibniz lui aussi, à l'instar de Descartes, ne négligera pas les enjeux de cette problématique : « Bien plus, même si l'on disait que toute cette vie n'est qu'un songe, et que le monde visible n'est que fantômes, je dirais suffisamment réels ce songe ou ces fantômes s'ils ne nous trompaient jamais lorsque nous faisons bon usage de la raison. Or, de même que parmi ceux-ci nous pouvons savoir lesquels peuvent être pris pour des phénomènes réels, de même à l'inverse tous les phénomènes contraires à ceux que nous jugeons réels, et aussi ceux dont nous ne pouvons expliquer la fausseté par leurs causes, nous les tenons pour de simples apparences. Mais il faut avouer que les indices allégués jusque-là en faveur de la réalité des phénomènes, rassemblés d'une façon ou d'une autre en un seul, ne sont pas démonstratifs, quoiqu'ils aient en effet la plus grande probabilité, ou, comme on dit communément, offrent une certitude morale, mais non pas cependant métaphysique, telle que poser le contraire implique contradiction. C'est pourquoi aucun argument absolu ne peut démontrer qu'il y a des corps, et rien n'empêche qu'il ne se présente à notre esprit des songes bien réglés que nous jugerons véritables et qui, de par leur accord entre eux, sont, pour notre usage, équivalents à de véritables. » Leibniz, *De modo distinguendi phaenomena realia ab imaginariis*, in Gottfried Wilhelm Leibniz, Die Philosophischen Schriften, Gerhardt, VII, pp. 320-321.

le premier, déréalisant le second, et justifiant par là-même la dichotomie principielle des « mouvements relatifs & mouvements absolus », nodale dans l'élaboration de sa « science de la gravitation et de l'équilibre des fluides et des solides dans les fluides ».

Finalement, distinguer le vrai d'avec le faux, le réel de l'irréel, le relatif de l'absolu, etc., c'est tracer des frontières sur *quelque chose* qui nous échappe, mais que le métaphysicien ne peut s'empêcher de tenter d'identifier et de circonscrire dans les limites de la Raison.

Chapitre 1

Frontières de l'espace & de la matière

Contre la « *res extensa* » cartésienne

En affirmant que tout corps est composé de matière, et qu'aucun espace n'est *réellement* dépourvu de corps, Descartes développe la représentation d'un espace tridimensionnel indéfiniment étendu, composé d'une matière homogène et corpusculaire n'admettant point de vide. Les frontières du corps et de l'espace se dissipent au profit d´un *réductionnisme matérialiste* écartant du champ des investigations de la physique les caractéristiques sensibles des corps à partir desquelles ces derniers sont communément différenciés les uns des autres. Newton n'est pas le seul savant contemporain de Descartes à se méfier de la réduction du corps à l'étendue, en effet, Christian Huygens, François Bernier et Henri More (parmi d'autres) ne manquent pas de relever les contradictions et difficultés de ce postulat métaphysique :

> Contre le dogme de Descartes, que la nature ou notion de corps consiste en la seule étendue. J'ai une notion de l'espace, et une autre du corps. En effet l'espace est ce qui peut être occupé par un corps. Le corps est ce qui occupe l'espace, et cela certes ne peut se concevoir sans étendue, mais outre l'étendue il faut accorder au corps, que dans l'espace qu'il

occupe il n'admet aucun autre corps. C'est là l'idée de corps qu'ont eue tous les philosophes, et même tous les hommes, avant Descartes, qui paraît avoir conçu cette idée qui est la sienne pour faire en sorte qu'il n'y ait pas d'espace vides, ce dont il pensait avoir besoin pour prouver que l'émanation de la lumière est momentanée et se fait sans intervalle de temps, ce qui est réfuté par la raison et l'expérience.[6]

Ce rapport entre l'espace et le corps est classique : l'espace est ce qui contient le corps, et le corps est plus que la partie de l'espace, puisqu'il doit résister à tout autre corps qui tendrait à venir à sa place. Mais qu'est-ce que l'espace, comment le caractériser ? Peut-être comme la capacité de recevoir les créatures, les êtres finis que Dieu engendre ? Mais d'aucuns pourraient en déduire que l'espace est lui-même incréé, en tant que pur réceptacle des créations divines :

> Ils [les théologiens] ne croient pas qu'il y ait aucun inconvénient à dire que ces Espaces soient increés, et indépendants : parce qu'ils ne sont rien de positifs, c'est-à-dire qu'ils ne sont ni Substance ni Accident ; ces deux termes comprenant cependant tout ce que Dieu a produit.[7]

Une telle vision de l'espace est plus adéquate pour décrire les distances et les mouvements :

> D'ailleurs c'est par l'Espace, et non pas par la surface du corps environnant qu'on satisfait aux principales demandes qui se font à l'égard du Lieu. Car si l'on demande par exemple, pourquoi une chose est dite demeurer toujours dans le même lieu, quoique le corps qui environne change ; pourquoi elle est dite changer de lieu, quoique le corps qui environne suive ; pourquoi s'éloigner d'un lieu, ou s'approcher d'un nouveau lieu ; pourquoi être ou plus, ou moins, ou autant éloignée d'un autre lieu ; il est évident que tout cela se conçoit d'abord en admettant l'Espace, et qu'on a

[6] Christian Huygens, *Contra Cartesii dogma*, in Oeuvres, vol. XIX, p. 325, Texte manuscrit de 1692.

[7] François Bernier, *Abrégé*, 1678, t. II, p. 9, réédition 1992, p. 21.

la réponse en main ; en ce que toute la mobilité regarde la chose placée, au lieu que les espaces demeurent immobiles.[8]

Il faut un espace fixe, immobile, immuable et homogène, parfaitement distinct des corps qui l'occupent, afin de mesurer de façon rigoureuse et précise les mouvements des corps ainsi que les distances parcourues par ces derniers ; c'est la voie que suivra Newton :

> il est nécessaire de rapporter la détermination des lieux et donc le mouvement local à quelque être immobile tel que l'étendue seule ou l'espace considéré comme quelque chose de réellement distinct des corps.[9]

Newton détermine l'espace mathématiquement : « L'étendue est en relation aux lieux, comme le temps aux jours, années, etc. Le Lieu est le principium individuationis des lignes droites et des figures égales et semblables. »[10] Mais aussi métaphysiquement : « God is as far as vacuum extends »[11], *Dieu est infini comme l'espace, il habite le vide.* En effet, Newton ne conçoit point l'espace comme une étendue physique, corporelle, mais plutôt comme une extension de la présence divine révélant chaque être dans un lieu déterminé et sous une forme adéquate (nous verrons plus en détail ultérieurement la relation de Dieu à l'espace absolu). Pour Newton, tout être, en tant qu'être, possède une forme d'extension, c'est-à-dire de *présence*, l'esprit comme le corps sont *quelque part*, et Dieu lui même n'est pas sans lieu, l'espace intégral est Son lieu. Newton a hérité du philosophe Henri More cette idée qu'il faut que Dieu, et plus généralement les esprits, soient *présents* dans le monde, et par conséquent aient une forme d'*extension.* Pour étayer cette idée, Henri More avait remis

---

[8] *Ibidem*, p. 26.

[9] Newton, *De gravitatione et aequipondio fluidorum (De la gravitation suivi de Du mouvement des corps)*, Éditions Gallimard, 1995, p. 122.

[10] *Certain Philosophical Questions: Newton's Trinity Notebook*, édition donnée par Mc Guire et Tamny, in *The British Journal for the History of Science,* Vol. 18, No. 3 (Nov., 1985), Cambridge University Press, p. 350.

[11] *Ibidem*, p. 408.

en cause la distinction cartésienne de l'étendue et de la pensée (considérées comme substances autonomes), et cherché un autre moyen de définir les corps :

> Vous définissez la matière ou le corps d'une manière trop générale, car il semble que non seulement Dieu, mais *les anges* mêmes, et toute chose qui existe par soi-même, est une chose étendue ; en sorte que l'étendue paroît être enfermée dans les mêmes bornes que l'essence absolue des choses, qui peut néanmoins être diversifiée selon la variété des essences mêmes. Or, la raison qui me fait croire que Dieu est étendu à sa manière, c'est qu'il est présent partout, et qu'il remplit intimement tout l'Univers et chacune de ses parties ; car comment communiquerait-il le mouvement à la matière, comme il a fait autrefois, et qu'il le fait actuellement selon vous, s'il ne touchoit pour ainsi dire *précisément* la matière, ou du moins s'il ne l'avoit autrement touchée ? Ce qu'il n'auroit certainement jamais fait s'il ne se fût trouvé présent partout, et s'il n'avoit rempli chaque lieu [et chaque contrée]. Dieu est donc étendu et répandu à sa manière ; par conséquent Dieu est une chose étendue.[12]

Si la frontière ontologique démarquant l'être suprême (Dieu) et les corps est irréductible, infranchissable, comment encore se représenter l'action de Dieu sur sa création ? Cette question posée par More sera reprise par Newton, comme nous le verrons par la suite. La réponse de Descartes à cette objection de More démontre à quel point l'imagination joue un rôle central dans sa métaphysique[13], et

---

[12] Henri More, Lettre à Descartes, II-XII, 1648 ; *Correspondance avec Arnauld et Morus*, pp. 97-99; Adam & Tannery, p. 238.

[13] « nous saurons aussi que ce monde, où la matière étendue qui compose l'Univers, n'a point de bornes pour ce que, quelque part où nous en veuillons feindre, nous pouvons encore imaginer au delà des espaces indéfiniment étendus, que nous n'imaginons pas seulement mais que nous concevons être tels en effet que nous les imaginons ; de sorte qu'ils contiennent un corps indéfiniment étendu, car l'idée de l'étendue que nous concevons en quelque espace que ce soit, est la vraie idée que nous devons avoir du corps ». René Descartes, *Les Principes de la Philosophie*, Seconde partie, in Œuvres philosophiques, Tome III, 1643-1650, Édition de Ferdinand Alquié, Classiques Garnier, Bordas, Paris, 1989, § 21, pp. 166-167.

surtout, que c'est du point de vue de l'*union* de l'âme et du corps que la notion d'*étendue* prend tout son sens :

> Je n'ai pas coutume de disputer sur les mots ; c'est pourquoi si l'on veut que Dieu soit en un sens étendu, parce qu'il est partout, je le veux bien. Mais je nie qu'en Dieu, dans les anges, dans notre âme, enfin en toute autre substance qui n'est pas corps, il y ait une vraie étendue, et telle que tout le monde la conçoit ; car par un être étendu on entend communément quelque chose qui tombe sous l'imagination ; que ce soit un être de raison ou un être réel, cela n'importe. Dans cet être on peut distinguer par l'imagination plusieurs parties d'une grandeur déterminée et figurée, dont l'une n'est point l'autre ; en sorte que l'imagination peut en transférer l'une à la place de l'autre, sans qu'on en puisse pourtant imaginer deux à la fois dans le même lieu. On n'en saurait dire autant de Dieu ni de nôtre âme, car ni l'un ni l'autre n'est du ressort de l'imagination, mais simplement de l'intellection, et on ne saurait les séparer par parties, surtout en parties qui aient des grandeurs et des figures déterminées.[14]

Nous ne pouvons *imaginer* Dieu, c'est en cela qu'il ne peut être dit *étendu*, bien que l'on puisse dire de lui qu'il est présent, d'une certaine façon, dans chaque objet de sa création. L'*étendue* va bien au delà de la simple notion d'espace (en tant que réalité physique autonome, indépendante de l'esprit), elle fait référence à *tout ce qui est doué d'extension*, c'est-à-dire à *tout ce qui* se présente à nous, aussi bien à l'état de veille que dans l'expérience du rêve.[15]

Pour plus de détails concernant la fonction de l'imagination (comme faculté de l'esprit) dans la représentation cartésienne de l'étendue, se référer au chapitre II.1.4 de notre ouvrage : Stéphane Kalla, *L'Acte de la Perception, pour une Métaphysique de l'espace*, Collection « Ouverture Philosophique », Éditions l'Harmattan, 2010.

[14] René Descartes, *Lettre à Morus du 5 février 1649*, in Œuvres philosophiques, Tome III, 1643-1650, Édition de Ferdinand Alquié, Classiques Garnier, Bordas, Paris, 1989, page 877.

[15] L'enjeu des Méditations pourrait peut-être se résumer dans la question qui suit : « Qu'est-ce donc qui pourra être estimé véritable ? ». Il est donc bien plus question de l'essence (ou nature) des choses que de leur existence. Car nous percevons bien des choses, et, quand bien même ces choses ne seraient qu'illusions, il faut bien admettre qu'elles existent en

Descartes trace donc une frontière apparemment infranchissable entre ce qui est étendu et ce qui ne l'est pas : ce qui est étendu doit pouvoir être perçu, directement par les sens, indirectement par l'imagination, or Dieu et la pensée (*res cogitans*) n'étant accessibles ni par les sens, ni par l'imagination, ne peuvent en aucune façon être étendus. Insatisfait de ce raisonnement, More défend quant à lui, comme le fera Newton, l'idée d'un espace absolu distinct des êtres qu'il contient, il tente de démontrer que les corps sont *dans* l'espace et non pas qu'ils le constituent. Il s'agit avant tout de revaloriser les corps, et leurs singularités respectives, qui disparaissaient presque entièrement dans la vision géométrique de l'étendue cartésienne ; et de mettre en avant l'*impénétrabilité*, qualité des corps qui fait qu'ils ne se confondent pas et se distinguent les uns par rapport aux autres dans l'espace, et empêche de concevoir l'univers comme un simple emboîtement de ceux-là, qui s'étendrait indéfiniment. D'après Descartes, l'espace et le corps ne sont pas distincts réellement (*in re*), la frontière entre les deux réalités ne tenant qu'à notre manière de voir. Chaque corps, qui est en lui-même un certain espace, se trouve si l'on veut en un lieu, que l'on peut considérer comme la surface des corps environnants. Un corps n'est pas composé de vide, et ce qui le compose doit être de même nature que lui, du point de vue de la substance, ainsi, on

---

tant qu'illusions, et qu'une illusion n'est pas rien, qu'elle peut, par exemple, être le produit de quelque chose qui nous abuse. Ce n'est donc pas le fait qu'il *existe* quelque chose que conteste et met en doute Descartes, mais plutôt la *nature* de ce quelque chose, son essence et sa véracité : « Toutes les erreurs qui procèdent des sens y sont exposées [dans cet ouvrage] avec les moyens de les éviter ; et enfin j'y apporte toutes les raisons desquelles on peut conclure l'existence des choses matérielles : non que je les juge fort utiles pour prouver ce qu'elles prouvent, à savoir qu'il y a un monde, que les hommes ont des corps, et autres choses semblables qui n'ont jamais été mises en doute par aucun homme de bon sens ; mais parce qu'en les considérant de près, l'on vient à connaître qu'elles ne sont pas si fermes ni si évidentes, que celles qui nous conduisent à la connaissance de Dieu et de notre âme ; [...] » René Descartes, *Abrégé des six Méditations*, in *Œuvres Philosophiques*, Tome II, 1638-1642, Édition de Ferdinand Alquié, Classiques Garnier, Bordas, Paris, 1989, p. 403.

comprend pourquoi Descartes a suggéré que la matière et l'étendue ne forment qu'une seule et même réalité, l'impénétrabilité étant à ses yeux dépendante de notre façon de percevoir immédiatement les choses. La critique newtonienne de l'étendue cartésienne commence par une affirmation qui, selon nous, est approximative :

> En effet, puisque la distinction des substances en « pensantes » et en « étendues » ou plutôt en « pensées » et en « étendues » est le principal fondement de la philosophie cartésienne, [...], je n'estime pas peu de renverser [cette philosophie], eu égard à l'étendue, afin de donner aux sciences mécaniques des fondements plus vrais.[16]

Mais la distinction cartésienne des deux substances est surtout théorique ; nous ne nions pas qu'elle a son importance, ni que l'âme soit par essence distincte du corps, mais nous rappelons aussi que du point de vue de leur *union*, « l'esprit et le corps sont des substances incomplètes, lorsqu'ils sont rapportés à l'homme qu'ils composent »[17], ce qui n'est pas sans conséquences, lorsque l'on sait que l'étendue est, dans la métaphysique cartésienne, une notion qui prend tout son sens du point de vue de l'union de l'âme et du corps, dont l'imagination est une faculté nodale[18].

---

[16] Isaac Newton, *De gravitatione et aequipondio fluidorum (De la gravitation suivi de Du mouvement des corps),* Éditions Gallimard, 1995, p. 122.

[17] René Descartes, *Réponses aux quatrièmes objections*, in Œuvres Philosophiques, Tome II, 1638-1642, Édition de Ferdinand Alquié, Classiques Garnier, Bordas, Paris, 1989, pp. 663-664.

[18] « les choses qui appartiennent à l'union de l'âme et du corps ne se connaissent qu'obscurément par l'entendement seul, ni même par l'entendement aidé de l'imagination ; mais elles se connaissent très clairement par les sens. D'où vient que ceux qui ne philosophent jamais, et qui ne se servent que de leurs sens, ne doutent point que l'âme ne meuve le corps, et que le corps n'agisse sur l'âme ; mais ils considèrent l'un et l'autre comme une seule chose, c'est-à-dire, ils conçoivent leur union; car concevoir l'union qui est entre deux choses, c'est les concevoir comme une seule. [...] ; et enfin, c'est en usant seulement de la vie et des conversations ordinaires, et en s'abstenant de méditer et d'étudier aux choses qui exercent l'imagination, qu'on apprend à concevoir l'union de l'âme et du corps. » (René Descartes, *Lettre à Elisabeth du 28 juin 1643*, in

Newton s'attaque donc à ce qu'il estime être le fondement essentiel de la métaphysique cartésienne, à savoir la distinction des substances pensantes et corporelles, et développe, à partir de cette critique du dualisme cartésien, sa propre conception des rapports entre le corps, l'étendue et l'esprit. Mais le commencement de cette critique est en partie fondé sur une approximation, car la représentation cartésienne de l'étendue (*res extensa*) ne repose pas uniquement sur le dualisme du corps et de la pensée, mais aussi sur le statut primordial de leur *union*. Néanmoins, c'est sur la remise en cause de l'opposition formelle de la substance pensante et de la substance corporelle opérée par Descartes dans les *Méditations Métaphysiques* que Newton entame sa critique approfondie du concept d'étendue dont il modifiera profondément la représentation.

Œuvres Philosophiques, Tome III, 1643-1650, Édition de Ferdinand Alquié, Classiques Garnier, Bordas, Paris, 1989, pp. 44-45).

C'est donc du point de vue de cette *union* de l'esprit et du corps qu'il faut se placer, si nous voulons comprendre la nature de la *substance étendue*, car, si nous en restons à la définition conçue par l'entendement, qui, de façon négative, détermine *la matière* comme ce qui ne peut être attribué à l'esprit (ou à la pensée), nous ne quittons jamais l'abstraction, dont il faut pourtant bien s'extirper, si nous souhaitons parler de quelque chose de concret, en l'occurrence ici, de l'univers qu'étudie la physique. Nous avons déjà remarqué l'importance de l'imagination dans les explications cartésienne de la substance étendue ; l'imagination, en tant qu'activité de l'entendement s'efforçant de représenter concrètement les corps, est une faculté mixte, qui, d'un point de vue phénoménologique, manifeste l'union de l'âme et du corps : « De plus, la faculté d'imaginer qui est en moi, et de laquelle je vois par expérience que je me sers lorsque je m'applique à la considération des choses matérielles, est capable de me persuader de leur existence : car quand je considère attentivement ce que c'est que l'imagination, je trouve qu'elle n'est autre chose qu'une certaine application de la faculté qui connaît au corps qui lui est intimement présent, et partant qui existe. » René Descartes, *Les Méditations Métaphysiques*, Sixième méditation, in Œuvres Philosophiques, Tome II, 1638-1642, Édition de Ferdinand Alquié, Classiques Garnier, Bordas, Paris, 1989, p. 480.

L'imagination est donc une faculté de l'âme en tant que celle-ci est jointe au corps. L'imagination rend sensibles les idées de l'entendement qu'elle présente sous forme d'images. L'esprit se sert de l'imagination quand il réfléchit à des objets matériels, mais aussi en géométrie pour se représenter certaines figures.

Chapitre 2

Redéfinition newtonienne de l'*étendue*

Modification des frontières de l'ontologie cartésienne

Contre l'identification cartésienne de l'étendue et du corps, Newton entreprend donc de *tracer une frontière ontologique la plus distincte possible entre l'étendue et la corporéité.* Pour ce faire, il doit commencer par redéfinir l'étendue, et l'une de ses premières initiatives consiste à la désubstantialiser, en en faisant une « émanation » de l'être divin. En effet, Newton refuse de désigner l'étendue par le terme de substance, et encore moins par celui d'accident, car selon lui, elle « a un certain mode d'exister qui lui est propre »[19] ; mais alors comment définir l'étendue ?

À cette question, Newton répond dans un premier temps de façon négative, en expliquant ce qu'elle n'est pas ; et sa première affirmation concernant la nature de l'étendue reste très cartésienne, puisqu'il nous dit que l'étendue ne peut être une substance, n'étant pas elle-même la cause de son existence et de sa persévérance dans le temps, ce que Descartes avait lui-même déjà souligné :

---

[19] Isaac Newton, *De gravitatione et aequipondio fluidorum (De la gravitation suivi de Du mouvement des corps),* Éditions Gallimard, 1995, p. 123.

Elle [l'étendue] n'est pas substance d'une part puisqu'elle ne demeure absolument pas par elle-même mais comme un effet émanant de Dieu ou une certaine affection de tout être »[20].

Il ajoute après cela que l'étendue ne peut être aussi considérée comme une substance, parce qu'elle « n'est pas le substrat des affections propres du genre de celles qui désignent une substance, à savoir les actions, telles que les pensées dans le cas de l'esprit et le mouvement dans le cas du corps. »[21]

L'argument repose sur une audace de Newton, qui prétend que « tous les philosophes » utilisent, de manière implicite, la notion de substance pour désigner un « être qui peut faire quelque chose »[22], ce qui n'est pas forcément le cas, le terme de substance pouvant désigner aussi, ce qu'il y a de permanent dans les choses qui changent, en tant que ce permanent est considéré comme un sujet (c'est-à-dire comme ce qui existe par soi-même sans supposer un être différent dont il soit un attribut ou une relation) qui est modifié par le changement tout en demeurant le même, et en servant de support commun à ses qualités successives. Rappelons aussi que pour Descartes, l'étendue n'est pas à proprement parler une substance, mais l'*attribut* premier et fondamental du corps, qui lui est une substance. Mais en définissant la substance comme un « être qui peut faire quelque chose », Newton montre par là qu'il ne peut en être ainsi de l'étendue, que l'on peut concevoir « comme existant sans sujet, comme lorsque l'on imagine des espaces hors du monde ou des lieux vides de corps. »[23]

L'étendue n'est donc pas dépendante des corps, elle ne disparaîtrait pas quand bien même il en serait ainsi de ces derniers ; de plus, elle ne possède pas les même qualités que le corps, elle ne peut être mue ni se mouvoir par elle-même, elle n'est donc pas une substance, au sens où

---

20 *Idem.*

21 *Idem.*

22 *Idem.*

23 *Idem.*

Newton entend ce terme. Remarquons que dans l'argumentation de Newton, le terme d'imagination joue un rôle important, la citation précédente en témoigne, de même que la suivante :

> Que nous croyons que l'étendue existe partout où nous n'imaginons pas de corps et que nous ne pouvons croire qu'elle doive périr avec le corps si Dieu annihile ce corps.[24]

Cela peut passer pour anodin, mais il faut remarquer la place prépondérante qu'occupe la notion d'*imagination* dans la démonstration métaphysique (puisque c'est de métaphysique et non point de physique qu'il s'agit à ce stade de la réflexion newtonienne) citée ci-dessus. En effet, l'imagination des « espaces hors du monde », que nous retrouvons déjà chez Descartes[25], n'est pas qu'une vague expérience de pensée, elle s'inscrit dans la détermination même que Newton, à la suite du savant français, opère de l'univers et de l'étendue. Ici, Newton, pour renforcer son argumentation, et notamment le postulat d'un espace absolu, indépendant des corps, fait appel à l'imagination, afin de constater qu'il est possible de se représenter (par l'imagination) un espace sans corps, ou, pour reprendre précisément son expression, « des lieux vides de corps ». Mais, être capable de s'imaginer ces « lieux vides de corps », si tant est que cela soit possible, signifie-t-il pour autant que ces lieux *existent* réellement ? Newton confondrait-il, à ce

---

[24] *Idem.*

[25] « Il répugne à ma pensée, ou, ce qui est le même, il implique contradiction que le monde soit fini ou terminé, parce que je ne puis ne pas concevoir un espace au-delà des bornes du monde, quelque part où je les assigne ; or un tel espace est selon moi un vrai corps. Je ne m'embarrasse point que les autres l'appellent imaginaire, et que par conséquent ils croient le monde fini, car je sais de quel préjugé naît cette erreur. En imaginant une épée qui passe au-delà des bornes du monde, vous prouvez que vous ne concevez pas le monde comme fini ; car vous concevez comme partie réelle du monde tout lieu que l'épée touche, bien que vous donniez le nom de vide à la chose que vous concevez. » René Descartes, *Lettre à Morus du 15 avril 1649*, in Œuvres philosophiques, Tome III, 1643-1650, Édition de Ferdinand Alquié, Classiques Garnier, Bordas, Paris, 1989, p. 912.

stade de sa réflexion, l'image d'un corps avec le corps *réel* ? La fin de la citation précédente nous donne une indication :

> Que nous croyons que l'étendue existe partout où nous n'imaginons pas de corps et que nous ne pouvons croire qu'elle doive périr avec le corps si Dieu annihile ce corps : il suit que l'étendue n'existe pas sous le mode d'un accident, c'est-à-dire en étant inhérent à un sujet. Ce n'est donc pas un accident.[26]

Il est troublant que Newton fasse dépendre de l'imagination une telle affirmation, à savoir que l'étendue n'est pas un accident. Nous remarquons la présence du verbe « croire », répété deux fois, au début de la phrase, et nous remarquons de même que ce qui suit les deux points, à savoir l'énoncé d'une vérité, que l'espace n'est pas un accident, repose entièrement sur le fait que l'étendue subsiste là où nous n'*imaginons* point de corps, et donc, sur un effort de l'*imagination*. C'est l'imagination qui est au cœur de la démonstration newtonienne de la nature de l'étendue. Rappelons que nous sommes au début de l'ouvrage intitulé *De gravitatione et aequipondio fluidorum*, et plus précisément, dans un chapitre intitulé « Définition de l'Etendue » ; il ne s'agit donc pas de simples allégations de l'auteur sur la nature de l'espace, mais bien de démonstrations rigoureuses, comme il est d'ailleurs précisé dès l'introduction :

> Il convient de traiter la science de la gravitation et de l'équilibre des fluides et des solides dans les fluides par une méthode double. Dans la mesure où elle appartient aux sciences mathématiques, il est juste de faire le plus possible abstraction de considération physique.[27]

Et l'auteur de continuer :

> Pour cette raison, j'ai décidé de démontrer strictement, à la manière des géomètres, chaque proposition de cette science,

[26] Isaac Newton, *op. cit.*, p. 123.
[27] *Ibidem*, p. 111.

en partant de principes abstraits et suffisamment reconnus de quiconque y applique son esprit.[28]

Ces « principes abstraits » sont métaphysiques, ils constituent en quelque sorte « les fondements à partir desquels il faut démontrer cette science »[29]. La définition de l'étendue est donc censée être rigoureuse et vraie, Newton ne conjecture pas, surtout lorsque il s'agit de clarifier et d'exposer les principes fondamentaux de la science qu'il se propose de développer. La démonstration visant à prouver que l'étendue n'est pas l'accident d'un sujet quelconque (et notamment de la substance corporelle) repose sur l'*image* d'un espace où ne subsisterait aucun corps, autrement dit d'un espace absolument vide, témoignant que l'étendue est bien indépendante du corps. Nous avons tenté de démontrer dans un ouvrage précédent que Descartes ne parvenait pas à fonder métaphysiquement la distinction du rêve et de la réalité, et que sa définition de l'étendue (et du corps en général) en était affectée.[30] Il semble que Newton soit face au même problème : l'étendue est-elle une pure conception de l'esprit ou une forme d'image dépendante du corps ? Que peut bien signifier s'imaginer « des espaces hors du monde ou des lieux vides de corps » ? Et pourquoi

---

[28] *Idem.*

[29] *Idem.*

[30] « La définition de l'*étendue* en opposition avec celle de l'*esprit* est claire, simple et difficilement contestable d'un point de vue spéculatif, mais, dès l'instant où nous appliquons cette idée à l'expérience, c'est-à-dire, dès que l'on détermine l'espace comme une étendue potentiellement infinie, un problème se pose : l'étendue est-elle un attribut du corps, ou la corporéité est-elle un attribut de l'étendue ? Nous avons vu que l'étendue est une certaine idée, ou conception, obtenue par abstraction, par privation du corps de ses qualités sensibles, mais nous savons aussi que c'est cette abstraction qui constituera, dans la philosophie cartésienne, « la nature du corps » et « la nature de l'espace » ; or, dans une telle perspective où le corps est finalement réduit à l'« extension seule », comment pouvons-nous, distinctement, nous assurer que les corps que nous percevons au cours d'un rêve, sont de nature différente de ceux que nous percevons éveillés ? » Kalla Stéphane, *L'Acte de la Perception, pour une Métaphysique de l'espace*, Collection « Ouverture Philosophique », Éditions l'Harmattan, 2010, Chap. II, p. 34.

le rôle de l'imagination est-il aussi prépondérant lorsque l'on veut déterminer ce qu'est l'étendue, et plus généralement, ce qu'est l'univers ? Poursuivons la lecture de l'argumentation de Newton, et voyons si nous trouvons des réponses à ces questions. Ce dernier nous dit que :

> nous avons une idée la plus claire de toutes de l'étendue, quand, bien sûr, l'on fait abstraction des affections et propriétés d'un corps, de manière à ce que reste seule l'étendue uniforme et illimitée de l'espace en longueur, largeur et profondeur.[31]

C'est exactement la définition cartésienne de l'étendue.[32] Voyons maintenant si Newton parvient à donner la nature de l'étendue sans ambiguïtés, car, nous le savons, cette définition cartésienne de l'étendue reprise ici par Newton ne permet pas, d'un point de vue strictement ontologique, de distinguer l'espace du rêve de celui de la veille.[33] La question qui s'impose est donc la suivante : qu'est-ce que l'*étendue* ?

---

[31] Isaac Newton, *op. cit.*, p. 123.

[32] « Par étendue, nous entendons tout ce qui possède longueur, largeur et profondeur, sans nous demander s'il s'agit d'un corps véritable ou seulement d'un espace ; et à notre sens, il n'y a pas lieu de donner une plus longue explication, puisque notre imagination ne saurait vraiment rien saisir avec plus de facilité. » Descartes René, *Règles pour la direction de l'esprit*, Règle XIV, in Œuvres Philosophiques, Tome I, 1618-1637, Édition de Ferdinand Alquié, Classiques Garnier, Bordas, Paris, 1989, p. 171.

[33] « L'exemple du rêve illustre bien cette incertitude ontologique : en effet, il est indéniable que le rêve, en tant qu'il nous offre l'occasion de percevoir des corps, ne soit point dénué d'une certaine forme d'« extension », laquelle semble identique à celle que nous connaissons à l'état de veille ; que nous rêvions d'être en un lieu précis, signifie bien que nous percevons quelque chose d'étendu « en longueur, largeur et profondeur », or, n'est-ce point là la définition même que Descartes donne de la nature fondamentale de l'espace et des corps ? Mais n'avons-nous point coutume de considérer le rêve comme une expérience de ce qui n'*existe* pas *réellement* ? Comment distinguer ce qui existe *réellement* de ce qui n'existe qu'en apparence ? Et cette distinction, en définitive, a-t-elle une raison d'être ? Lorsque Descartes prétend que « de cela seul qu'un corps est étendu en longueur, largeur et profondeur, nous avons raison de conclure qu'il est une substance, à cause que nous concevons

La réponse à cette question cruciale, Newton la formule en six parties, qui constituent la quasi-totalité du chapitre intitulé « Définition de l'Étendue ».

qu'il n'est pas possible que ce qui n'est rien ait de l'extension », a-t-il conscience que sa démonstration convient aux figures que l'imagination nous représente (par exemple en géométrie), comme aux corps que nous percevons lors de certains songes ? Que l'étendue ne puisse inclure le vide en sa définition, et implique un espace indéfini, semble indéniable, par contre, elle n'exclut point de sa définition le champ du rêve (ainsi que celui de l'imaginaire), ce qui n'est pas sans conséquences épistémologiques ». Stéphane Kalla, *L'Acte de la Perception, pour une Métaphysique de l'espace*, Collection « Ouverture Philosophique », Éditions l'Harmattan, 2010, Chap. II, page 38.

Chapitre 3

Frontières de l'espace & du sensible

De l'incorporalité de l'espace, démonstrations géométriques

Afin de déployer une frontière ontologique infranchissable entre l'espace et les corps, Newton doit *dématérialiser l'étendue*, et pour ce faire, il entreprend de justifier, notamment par la géométrie, la nécessité d'un espace indépendant des formes sensibles qui s'y manifestent. Dans la seconde partie de la définition de l'étendue, il détermine un espace purement géométrique, dans lequel et par lequel subsistent, en tant que possibilités intrinsèques, « toutes sortes de figures », qui sont, avant d'être actuelles, « insensiblement présentes en l'espace ».[34] L'espace est donc indépendant des sens, et dans un langage kantien, nous dirions qu'il est une réalité *pure, a priori* ; l'espace est incorporel, tridimensionnel et infiniment étendu, il peut contenir et manifester les figures, les points et les lignes, (etc.) :

> C'est ainsi, en effet, que nous croyons que sont sphériques tous les espaces à travers lesquels une sphère progressivement mue d'instant en instant est jamais passée, alors même que les

[34] Isaac Newton, *op. cit.*, page 124.

traces sensibles de cette sphère-là ne demeurent plus en ces espaces.[35]

Et l'auteur d'ajouter :

> Bien plus, nous croyons que l'espace a été sphérique avant d'être occupé par la sphère, de manière à pouvoir la contenir ; par conséquent, comme il y a partout des espaces pouvant contenir exactement une sphère matérielle, il est clair qu'il y a partout des espaces sphériques. Il en va ainsi des autres figures.[36]

Une figure abstraite (insensible) doit se trouver "quelque part", nécessairement, sinon nous ne pourrions pas la concevoir, ni même la penser, l'espace n'est donc pas une réalité corporelle, il répond métaphysiquement à la nécessité que soit *quelque part* tout objet, physique comme de pensée, même le plus abstrait (y compris Dieu) :

> Car le tracé matériel d'une figure quelconque n'est pas une nouvelle production de cette figure eu égard à l'espace, mais seulement sa représentation corporelle de telle sorte qu'elle apparaît maintenant aux sens alors qu'auparavant elle était insensiblement présente dans l'espace.[37]

Mais cet espace est-il réel ou imaginaire ? La réponse n'est pas évidente, car en cette première partie de son argumentation concernant la *nature* de l'étendue, l'espace n'est pas indépendant de l'esprit, il est une représentation purement géométrique, la sensibilité des objets n'étant pratiquement qu'accidentelle. Ainsi :

> il y a partout toutes sortes de figures, partout des sphères, partout des cubes, partout des triangles, partout des lignes droites, partout des lignes circulaires, elliptiques, paraboliques, et toutes les autres sortes de lignes et ce, de toutes formes et

---

[35] *Idem.*

[36] *Idem.*

[37] *Idem.*

grandeurs, même si elles ne sont pas tracées d'une manière visible.[38]

L'espace n'est donc pas un corps, il contient toutes les figures *virtuellement* mais ne se confond pas avec elles :

> bien que nous ne voyions aucune figure matérielle dans de l'eau claire, il y en a cependant beaucoup que la simple introduction de couleur dans ses diverses parties ferait apparaître de multiples manières. Or, la couleur introduite ne constituerait pas les figures matérielles mais les rendrait seulement visibles.[39]

L'espace n'est pas le résultat d'une intuition sensible, il n'est pas dépendant des sens, il est en quelque sorte un milieu idéal et absolu en quoi et par quoi peuvent se manifester une infinité de figures. Mais une figure géométrique n'est pas un corps du type de ceux qu'étudie la physique, et dans cette première partie, la définition de l'étendue ne permet pas de fonder la possibilité d'une science de la nature, Newton énonçant les propriétés de l'espace à partir de considérations essentiellement abstraites, sans prendre en compte la nécessité de se référer à quelque chose d'extérieur à la pensée.

---

38 *Idem.*

39 *Idem.*

Chapitre 4

Frontières du fini & de l'infini

Démonstration de l'infinité de l'espace

Dans la seconde partie de la définition de l'étendue, Newton tâche de démontrer l'infinité de l'espace, en s'appuyant notamment sur la frontière ontologique héritée du corpus aristotélicien, celle de l'*acte* et de la *puissance*[40]. Cette démonstration du caractère infini de l'espace est propédeutique au postulat d'un espace « absolu », en effet, un corps ne peut être infini, puisque par « corps » nous entendons un être limité par des dimensions spécifiques et occupant un lieu déterminé dans l'espace. Ainsi, en démontrant l'infinité de l'espace, Newton pourra plus aisément dissocier ce dernier des corps qui l'occupent, et le poser dans son absoluité. C'est pourquoi Newton affirme que l'espace est infini dès le début de la seconde partie de la définition de l'étendue :

> L'espace s'étend à l'infini de tous côtés » ; reprenant exactement l'argument de Descartes sur ce point, il ajoute que

---

[40] Étymologiquement, l'*acte* (ἐνέργεια) désigne ce qui est fait. Pour Aristote, l'acte désigne soit ce qui est en train de s'accomplir, soit ce qui est réalisé, achevé. La puissance (δύναμις) est la faculté d'être changé ou mis en mouvement. Ce qui n'est qu'en puissance, par opposition à ce qui est en acte, est ce qui n'est pas encore réalisé, ce qui n'est qu'une virtualité.

« nous ne pouvons pas imaginer de limite quelque part sans penser en même temps qu'il y a un espace au delà.[41]

Il faudrait parvenir à concevoir clairement ce que Newton et Descartes entendent par « imaginer » lorsqu'ils emploient ce mot pour justifier que l'espace ne peut être borné par aucune limite. Newton explique que l'espace est, dans son essence, radicalement hétérogène aux corps, qu'il ne dépend pas de ces derniers, et subsisterait quand bien même ceux-ci disparaîtraient ; cela signifie-t-il que contrairement à Descartes, Newton conçoit l'imagination comme une faculté de l'esprit seul, sans lien avec le corps ? Le problème est très complexe, nous avons vu que dans la première partie de sa définition de l'étendue, Newton défendait l'idée que l'espace était potentiellement sphérique « avant d'être occupé par la sphère », proposition surprenante, car comment parler de quelque chose de sphérique sans invoquer en même temps l'imagination ? L'espace de Newton serait-il un produit de l'imagination ? Cette question est cruciale, car l'imagination est une faculté dépendante des sens, or il est difficile de comprendre comment l'étendue pourrait être d'un côté représentée par l'imagination, et de l'autre intrinsèquement incorporelle, immatérielle ; il s'agit là d'une ambiguïté que Newton s'évertuera à lever au cours de sa démonstration. Ce dernier poursuit son argumentation en expliquant que si l'espace est infini, « [...] toute ligne droite, parabole, hyperbole, tout cône, cylindre et les autres figures de cette sorte vont à l'infini et ne sont nulle part limitées... », et donne de cela un exemple simple :

Mais, si vous voulez un exemple d'infinité, concevez un triangle dont la base et l'un des côtés sont fixes et dont l'autre côté tourne dans le plan du triangle, autour de son extrémité contiguë à la base, de sorte que le triangle s'ouvre peu à peu à son sommet; pendant ce temps, fixez votre attention sur les

---

[41] Isaac Newton, *De gravitatione et aequipondio fluidorum (De la gravitation suivi de Du mouvement des corps)*, Éditions Gallimard, 1995, p. 125.

points où les deux côtés se rencontreraient pourvu qu'ils fussent prolongés jusque-là.[42]

Et l'auteur de continuer :

Il est manifeste que tous ces points [de concours] se trouvent sur la droite qui porte le côté fixe et qu'ils continuent à s'éloigner d'autant plus que le côté mobile tourne plus longtemps jusqu'au moment où l'un des côtés devient parallèle à l'autre et ne peut plus le rencontrer où que ce soit.[43]

Newton avance dans sa démonstration :

Je demande maintenant à quelle distance est le dernier point où les côtés se sont rencontrés ? Cette distance est certainement plus grande que n'importe quelle distance assignable ou plutôt aucun de ces points n'est le dernier : par conséquent, la droite sur laquelle on trouvera tous ces points de concours est en acte plus que finie.[44]

Et l'auteur de conclure :

Il n'y a pas lieu non plus de dire qu'elle est infinie seulement en imagination et non pas en acte; car si un triangle est tracé en acte, ses côtés sont toujours dirigés en acte vers un point commun où ils concourraient tous les deux s'ils étaient prolongés ; et, par conséquent, un tel point de concours des côtés prolongés sera toujours en acte, même si on suppose ce point au-delà des limites du monde corporel; et ainsi, la ligne que tous ces points déterminent sera actuelle, même si elle va au-delà de toute distance.[45]

Ce passage est essentiel, il montre comment Newton effectue *la liaison entre espace absolu et monde sensible*, notamment par l'expression aristotélicienne : *être en acte*. Il nous donne aussi quelques pistes de réflexion sur le rôle et l'importance de l'imagination dans sa définition de

---

[42] *Ibidem*, pp. 125-126.
[43] *Idem*.
[44] *Idem*.
[45] *Idem*.

l'étendue. Il nous demande au début de *concevoir* un triangle, c'est-à-dire de se le représenter par l'imagination, et c'est de cette façon que la démonstration s'effectue, jusqu'à ce qu'il en arrive à nous dire que la droite sur laquelle on trouve les points de concours n'est pas seulement infinie « en imagination » mais qu'elle l'est aussi « en acte ». Et il ajoute que le point vers lequel les deux côtés du triangle sont infiniment dirigés « sera toujours en acte », même si ce point n'est pas matérialisable, car « au delà des limites du monde corporel ». La finalité de cette argumentation, secondée par un exemple tiré de la géométrie, est de prouver que l'espace est réellement infini, non point seulement, comme il fut dit précédemment, parce que « [...] nous ne pouvons pas imaginer de limites quelque part sans penser en même temps qu'il y a un espace au delà », mais aussi parce que la représentation corporelle de certaines figures, de certaines lignes, etc., implique celui-ci *nécessairement* ; plusieurs autres exemples de démonstration de l'infini par des tracés géométriques pourraient être donnés, nous aimerions nous arrêter sur l'un d'entre eux, qui illustre bien ce que Newton veut montrer. Il s'agit de la projection stéréographique en dimension deux : soit un cercle dans le plan dont on note N le pôle nord et S le pôle sud. On considère la droite d qui passe par S et tangente au cercle. Chaque droite passant par N et non tangente au cercle rencontre celui-ci en un point et la droite d en un autre point. Ainsi, à chaque point du cercle [différent du point N] on peut associer un point [et un seul] de la droite d. La droite passant par le point N et tangente au cercle n'admet pas de point d'intersection avec la droite d. Ainsi, au point N on associe un point appelé point à l'infini. Notons que la démonstration fonctionne en dimension trois. Ce point que l'on nomme en mathématique *point à l'infini* est exactement ce point dont Newton dit qu'il est « toujours en acte, même si on suppose ce point au-delà des limites du monde corporel ». On remarquera que Newton passe d'un espace abstrait à un espace corporel en faisant comme si le second était le prolongement du premier, puisque dans l'exemple du triangle, il passe de l'image mentale du triangle à son « tracé en acte » afin de montrer que le « point commun » où les côtés de ce triangle convergeraient infiniment est lui même en acte, bien qu'il soit *de facto* inaccessible et incorporel. La démonstration géométrique a donc une valeur réelle, et même ontologique, puisqu'elle vise à démontrer que l'étendue est infinie. Seulement, nous avons du mal à bien concevoir ce qu'est l'étendue, est-elle de l'ordre de l'imagination, est-ce par l'imagination que nous nous représentons le mieux ce qu'est l'espace, ou alors est-ce dans le tracé de certaines figures, c'est-à-dire dans un espace en acte (un plan, par exemple) ? Autre question : comment Newton peut-il, autrement qu'arbitrairement, affirmer que le point à l'infini, celui vers lequel concourent infiniment les côtés du triangle dans la démonstration géométrique qu'il donne précédemment, est *en acte*, c'est-à-dire réel, et non pas en puissance, c'est-à-dire *virtuel* ? Nous avons l'impression que la possibilité et l'acte ici se confondent, et que le passage de l'un à l'autre peut se faire indifféremment, comme si l'espace tel que l'imagination nous le présente, c'est-à-dire sans limites, infini, se confondait, du moins si l'on en reste à la démonstration ci-dessus, avec l'espace réel, physique, ou *en acte*, dans le langage employé par Newton. Reprenons l'exemple du triangle, et remarquons que Newton, une fois que les deux côtés du triangle deviennent parallèles, et convergent infiniment vers leur inaccessible « point de concours », ne considère pas seulement que la distance qui les sépare de ce point est infinie dans l'abstrait, c'est-à-dire seulement « en imagination », mais encore que celle-ci est réellement infinie, c'est-à-dire *en acte*, « même si elle va au-delà de toute distance. »[46]. Mais s'il peut affirmer que cette distance est infinie en acte, c'est parce que l'intuition de l'espace, plus proche de l'imagination que de l'intellection, est elle-même infinie, et, par conséquent, c'est parce qu'il est impossible de s'imaginer que le tracé corporel de ces droites parallèles convergeant vers le même point puisse être achevé, qu'il en conclut que la distance qui sépare les

---

[46] *Ibidem*, p. 125.

droites du point est infinie. On voit donc comment ce qui n'est que possible ou virtuel, par l'imagination, devient réel, ou en acte. Pour nous qui nous interrogeons sur la nature de l'étendue, ce moment de la réflexion newtonienne est capital : il est difficile à ce stade de dire si le *point à l'infini*, de même que *la distance* qui sépare les côtés parallèles de celui-ci, sont *réels* ou pas. Et, il va de soi que cette question en implique une autre immédiatement : l'espace est-il réel ou n'est-il qu'un prolongement de l'imagination, la seconde hypothèse entraînant, nous l'avons vu, l'impossibilité de fonder à partir de références absolues (aussi bien spatiales que temporelles) toute science de la nature ? Nous voyons aussi à quel point le concept de réalité est complexe, en effet, finalement, qu'est-ce que cela signifie que d'être *réel* ? Peut-être est-ce avec ce problème de fond que bataillent ces penseurs, tels Descartes ou Newton, qui veulent dire *ce qu'est* l'étendue. Nous reviendrons sur ce point ultérieurement, pour l'instant, contentons-nous de suivre l'argumentation de Newton, et la définition qu'il donne, progressivement, de l'étendue. Suite à la démonstration géométrique de l'infini, nous avons remarqué la place prépondérante qu'occupe l'imagination dans l'argumentation générale visant à déterminer l'essence de l'étendue, et ce n'est donc pas par hasard si Newton anticipe cette objection qui pourrait lui être lancée : « Si maintenant l'on objecte que nous ne pouvons pas imaginer que l'étendue puisse être infinie, je l'accorde. »[47]. Voilà une concession surprenante, qui ne fait ni plus ni moins que contredire l'affirmation par laquelle il introduisait la seconde partie de son argumentation, celle-là même que nous sommes en train d'étudier, à savoir que « [...] nous ne pouvons pas imaginer de limite quelque part sans penser en même temps qu'il y a un espace au-delà. »[48] Mais Newton ajoute immédiatement :

---

[47] *Ibidem*, p. 126.
[48] *Ibidem*, p. 125.

> Cependant, je soutiens que nous pouvons en avoir une intellection. Nous pouvons sans doute imaginer une étendue plus grande, puis une autre plus grande encore, mais nous pensons qu'il existe une étendue plus grande que celle que nous ne pourrons jamais imaginer. Et par suite, cela dit en passant, la faculté d'intellection est clairement distinguée de l'imagination.[49]

Dans ce passage Newton commet d'après nous deux imprécisions : d'une part, il n'explique pas en quoi l'intellection est différente de l'imagination, il se contente de dire que la première intervient pour transcender les limites de la seconde, sans justification supplémentaire. Et d'autre part, nous ne comprenons pas pourquoi Newton utilise un vocabulaire concernant la quantité (cf. la répétition « plus grande ») lorsqu'il traite ici de l'imagination, en effet, l'important, ce n'est pas que l'imagination nous donne des espaces *de plus en plus grands*, mais plutôt le fait qu'elle ne puisse être limitée, c'était là le sens original de cette phrase : « [...] nous ne pouvons pas imaginer de limite quelque part sans penser en même temps qu'il y a un espace au-delà. ». Si, en effet, l'imagination est incapable de nous donner une image de l'infini, (comment le pourrait-elle d'ailleurs, puisque par définition ce qui est infini est sans limites, et ne peut donc être représenté), il n'en reste pas moins que sans elle, il serait très difficile, voire impossible, de donner un sens à l'idée même de l'infini. La définition de l'infini comme la négation de toutes limites possibles, (qui est celle de Newton), ne peut être réduite à un simple arrangement de mots, à une simple construction du langage, il faut bien, pour envisager la possibilité d'une science de la nature (rappelons que Newton est un empiriste), que ces fameuses limites, dont on nie l'existence, soient *quelque chose*, si l'on ne veut pas que toute l'argumentation s'écroule. Nous l'avons vu, notamment dans l'exemple donné plus haut de la projection stéréographique en dimension deux, que pour démontrer l'infinité de l'étendue, il est nécessaire de faire appel à

[49] *Ibidem*, p. 126.

l'imagination. Le point à l'infini est un point imaginaire (ou *en puissance*), et pourtant Newton affirme qu'il est en acte, de même qu'il affirme que la distance qui le sépare des droites parallèles concourant vers lui est infinie en acte ; or, qu'est-ce qu'être infini en acte, si ce n'est, par exemple pour une droite, se prolonger sans fin dans un espace imaginaire, ou *virtuel*, (puisqu'il est impossible de tracer une telle droite) ? Par imaginaire, il faut donc entendre *possible* : les deux droites parallèles dirigées vers leur point de concours, inaccessible, seront dites *infinies* parce qu'il sera toujours possible, et même *nécessairement possible*, de les prolonger en direction de ce point, aussi bien en imagination qu'en acte. Et ce point, que l'on nomme *point à l'infini*, n'est en acte que si l'on conçoit que l'espace imaginaire, ou possible, est lui-même en acte, c'est-à-dire aussi *réel* que l'espace d'un plan tracé. D'ailleurs, lorsque Newton affirme que ce « [...] point de concours des côtés prolongés sera toujours en acte, même si on suppose ce point là au-delà des limites du mondes corporel », nous voyons clairement que c'est par l'imagination que ce point subsiste, et que c'est en vertu de cette image du point que l'on peut affirmer que les droites parallèles qui le visent sont infinies *en acte.* Une telle démonstration de l'infini repose donc essentiellement sur l'imagination. Or, cette importance du rôle de l'imagination dans la démonstration newtonienne de l'infinité de l'espace pose un double problème : d'une part, l'imagination n'est point sans liens avec la sensibilité, ce qui ne va pas sans contredire l'affirmation de Newton selon laquelle l'espace est de nature fondamentalement insensible, incorporelle. D'autre part, et à la suite de ce qui vient d'être dit, l'imagination selon laquelle nous nous représentons le prolongement des côtés parallèles vers leur point de concours implique une intuition de la *durée* ; en effet, en ce qu'ils sont « prolongés », et cela, indéfiniment vers ce point de concours inaccessible (mais néanmoins "réel", car "en acte"), les côtés du triangle sont par conséquent doués d'un mouvement dont la durée coïncide avec l'intuition que nous avons de ce dernier : tant que nous imaginons la progression des côtés parallèles vers le point, nous concevons que cette progression ne peut être bornée, autrement dit, que l'infinité de l'espace est autant l'infinité du mouvement des deux droites ; par conséquent, aussi *longtemps* que ces « côtés sont toujours dirigés en acte vers un point commun », (et que ce point commun reste inaccessible), l'espace où se situent, et se prolongent indéfiniment les côtés, peut être considéré, d'après Newton, comme infini. Il faut que la progression des droites parallèles vers leur point de concours *dure*, persiste dans le temps, *sans réelle discontinuité*, pour que cet espace qu'elles parcourent (et manifestent par la même occasion), soit perçu comme infini en acte. Autrement dit, la démonstration de l'infinité de l'espace ne peut ignorer le temps, et plus exactement le temps conçu comme durée, ainsi que nous venons de l'expliquer. Mais si nous ne pouvons distinguer ontologiquement la *durée*, dont procède la conception du mouvement continu des deux droites, et *l'espace* dans lequel celles-ci se prolongent indéfiniment, comment défendre encore cette idée d'un espace « absolu », radicalement incorporel, imperceptible et de plus, indépendant des esprits qui se le représentent ?

Chapitre 5

Arguments complémentaires

Afin de démontrer l'infinité de l'espace

Nous venons de le voir, la frontière ontologique entre l'espace *en acte* et l'espace *en puissance* est opaque, pourtant c'est sur le franchissement de celle-ci que repose la démonstration newtonienne de l'infinité de l'espace. En effet, comme nous l'avons longuement expliqué, dans la projection stéréographique en dimension deux, le point à l'infini est un point imaginaire (*en puissance*), et pourtant Newton affirme qu'il est en acte, de même qu'il affirme que la distance qui le sépare des droites parallèles concourant vers lui est infinie *en acte*. Afin de renforcer sa démonstration, principalement géométrique, Newton tente de convaincre de la pertinence de l'idée d'un espace infini en mettant en avant la *perfection* de la notion d'infini. Il fait notamment référence à Descartes et à la frontière ontologique que ce dernier avait tracée entre espace « infini » et espace « indéfini », lui reprochant de ne pas avoir osé attribuer l'infinité à l'espace pour des motifs théologiques[50] qu'il estime être injustifiés. Il commence sa démonstration en imaginant l'objection suivante :

[50] Notamment pour ne point confondre l'une des perfections de Dieu (à savoir l'infinité, entendue comme absence de limites, de restrictions) avec l'un des attributs de la « res extensa », (à savoir l'indéfinité, dans le sens

Mais, si l'on me dit en outre que nous ne comprenons ce qu'est l'être infini que par la négation des limites du fini et que cette conception est négative et par suite défectueuse, je refuse cette position. [51]

Et l'auteur de continuer :

Car la limite ou le terme est une restriction ou une négation d'une plus grande réalité ou d'une plus grande existence dans le cas d'un être limité ; et moins nous concevons un être comme contenu en des limites, plus nous comprenons que quelque chose lui est attribué, c'est-à-dire plus nous le concevons positivement.[52]

Et l'auteur de continuer :

Par conséquent, la conception de l'infini par la négation de toute limite devient au plus haut point positive. La limite est un mot négatif quant au sens et ainsi, l'infinité, étant la négation d'une négation (c'est-à-dire des limites) est un mot au plus haut point positif quant à nos perceptions et conception bien que, grammaticalement, il paraisse négatif.[53]

La démonstration est quasiment calquée sur celle de Descartes : l'être humain est « un être limité », c'est-à-dire fini, il ne peut donc être à l'origine de l'idée d'infini, et, par conséquent, il faut admettre que cette idée est positive, c'est-à-dire qu'elle est quelque chose de plus que lui, au contraire de l'idée de finitude, qui n'est finalement que la négation de l'idée d'infini. Et c'est pourquoi « la conception de l'infini par la négation de toute limite devient au plus haut point positive ». En niant que quelque chose ait des limites, l'être humain transcende en quelque sorte sa nature (qui est finie), et accède, du moins partiellement, à l'essence divine. La suite de l'argument nous paraît quelque peu hasardeuse : que multiplier deux négations, en arithmétique,

---

d'indétermination).

[51] *Idem.*

[52] *Idem.*

[53] *Idem.*

donne un résultat positif, c'est une chose, mais dire que l'infini, « étant la négation d'une négation » est « un mot au plus haut point positif » en est une autre. Ce passage pourrait donner l'impression que l'argumentation repose sur un jeu de langage, sur une simple opposition de concepts, et surtout, fait abstraction du rôle de l'imagination (et de l'expérience), qui, nous le voyons sur ce point précis, ne peut être ignorée sous peine de tomber dans un formalisme stérile, incapable de retrouver l'étendue *concrète* de l'expérience empirique dont devra s'occuper la science. Mais Newton ajoute juste après que :

> [...] les géomètres connaissent avec précision les quantités positives et finies de très nombreuses surfaces infinies en longueur. » et qu'il peut pour cette raison « [...] déterminer positivement et exactement les quantités solides d'un très grand nombre de solides infinis tant en longueur qu'en largeur et les comparer à des solides donnés finis.[54]

Il insiste ainsi sur le fait que l'infini est en acte, quel que soit le plan ou l'espace dans lequel on se place, et qu'il est donc bien plus qu'une simple notion. Le dernier passage de la seconde partie consacrée à la définition de l'étendue est une critique de la distinction cartésienne entre l'infini et l'indéfini. Newton commence par donner sa propre définition de l'indéfini, qui, nous allons le voir en détail, est plus complexe qu'elle n'en a l'air de prime abord : « [...] le mot « indéfini » n'est jamais utilisé pour ce qui est en acte mais concerne toujours un futur possible, car il dénote seulement que quelque chose n'est pas encore déterminé, ni défini. » Et pour illustrer ce propos, il donne l'exemple suivant :

> Ainsi, avant que Dieu ait décidé quoi que ce soit au sujet de la création du monde (s'il y eut jamais un moment où cette décision n'existait pas), la quantité de la matière, le nombre

[54] *Idem.*

des étoiles et tout le reste, qui sont maintenant définis dans le monde créé, tout cela était indéfini.[55]

Ce qui est *indéfini*, c'est ce qui manque de détermination, c'est ce à propos de quoi nous restons dans l'indécision :

> Ainsi, la ligne indéfinie est celle dont la longueur future n'est pas encore précisément déterminée. Ainsi, l'espace indéfini est celui dont la future grandeur n'est pas encore déterminée; mais l'espace qui est maintenant en acte n'est pas à définir : ou il a des limites ou il n'en a pas et par suite il est soit fini soit infini.[56]

Quelque chose ne va pas dans cette définition de l'indéfini : « [...] l'espace indéfini est celui dont la longueur n'est pas encore déterminée », voilà une considération qui convient aux mathématiciens, qui déterminent leurs propres espaces, mais certainement pas à un physicien qui veut connaitre la composition de l'univers. L'homme n'est pas à l'origine de l'étendue, il n'en est pas le créateur, il est incapable de ramener *ce qui* s'étend devant lui (l'univers) à une intuition immédiate, claire et synoptique, semblable à celle qu'il éprouverait devant un objet qu'il aurait conçu dans les moindres détails ; il est par conséquent toujours anticipé par une expérience de la spatialité qui ne dépend pas de lui, il n'est pas un Dieu qui déciderait, avant de créer le monde, de la quantité de matière et d'étoiles qui conviendrait à ce dernier, et ne peut donc jamais déterminer de façon certaine la grandeur ou la nature en général de l'étendue. Il ne suffit pas, sauf peut-être en mathématiques, de définir clairement un objet pour que cet objet soit tel que la définition le détermine, sinon la science ne serait plus qu'un simple artifice linguistique, et n'aurait même plus de raison d'être, il lui suffirait d'attribuer aux choses qu'elle étudie tels noms ou telles définitions et de s'arrêter là. Poser que l'espace est infini, n'implique en rien que celui-ci le soit,

---

55 *Idem.*

56 *Ibidem*, p. 127.

et cela n'ajoute aucune clarté quant à la nature et de l'espace et de l'infinité. Ainsi, avancer que « l'espace qui est maintenant en acte n'est pas à définir », justement, cela est sous-entendu, parce qu'il est déjà *déterminé* (puisqu'il est *en acte*), est une affirmation bien audacieuse, qui conviendrait plus à quelqu'un qui lirait dans les pensées de Dieu qu'à un philosophe. Car si l'on y regarde d'un peu plus près, qu'est-ce que cela signifie que de dire de l'espace qu'il est *en acte* ? Nous savons que Newton distingue la droite qui est infinie « en acte » et la droite qui ne l'est « qu'en imagination »[57], même si, comme nous l'avons remarqué, cette distinction n'est pas une opposition, puisque la droite infinie *en acte* n'est dite infinie que si l'on *imagine* son tracé prolongé comme ne pouvant être borné. Néanmoins, il est clair sur ce point que la droite dite *en acte* est la droite tracée, c'est-à-dire sensible et corporelle. L'espace *en acte* est-il un espace tracé, c'est-à-dire sensible et corporel ? Nous savons que Newton refuse l'identification cartésienne du corps et de l'étendue, il semble donc impossible que l'espace en acte puisse être corporel, ce dernier doit donc être d'une autre nature, mais de quelle nature ? Lorsque Newton soutient que « l'espace qui est maintenant en acte n'est pas à définir » parce que ou bien « il a des limites » ou bien « il n'en a pas », de quel espace parle-t-il? Est-ce un espace mathématique, déterminé par celui ou ceux qui le manipulent dans un cadre bien précis, ou bien est-ce l'espace en général, celui que la métaphysique et la physique étudient ? Il n'est pas évident de répondre, par contre, nous pouvons avancer deux hypothèses : d'une part, si l'espace dont il est question ici, et dont Newton prétend qu'il est en acte, est un espace tracé, par exemple un plan, il n'est pas si évident que cet espace soit clairement ou *fini* ou *infini*, car, si *de facto*, le plan a nécessairement des limites, celles d'une feuille par exemple, il est aussi très clair que l'infinité d'une droite tracée à l'intérieur de ce plan dépend du fait que ce plan est potentiellement illimité, c'est-à-dire, lui-même infini (du moins « en imagination »). D'autre part, si c'est

[57] *Ibidem*, p. 125.

bien l'espace en général dont il est ici question, il faudrait être Dieu pour connaître que cet espace tel que nous le concevons (ou du moins tel que Newton le conçoit) est bel est bien *en acte*, car comment, sans en être le créateur, ou tout du moins l'origine, pourrions-nous savoir absolument qu'il est en acte, et non pas seulement potentiel (ou *en puissance*) ? Pour distinguer la droite en acte de la droite en imagination, en disant que la première est tracée (corporelle) tandis que la seconde reste potentielle (« en imagination »), Newton peut s'appuyer sur l'expérience, et sur le constat que chacun d'entre nous peut faire, à savoir effectivement qu'une droite imaginaire a bien quelque différence avec une droite actuellement tracée. Mais qu'en est-il de l'espace en général ? Nous ne pouvons pas dire de l'espace qu'il est en acte, car il nous est impossible de nous appuyer sur l'expérience pour le vérifier, nous ne sommes pas Dieu, et n'ayant pas de vision synoptique de la création, nous sommes incapables d'être certains que l'espace est bien tel que nous le concevons, à savoir en acte, en trois dimensions, et pourvu des propriétés que certains lui attribuent (telles l'infinité, l'immutabilité etc.,). Il est fort possible que du point de vue du Créateur, l'espace soit très différent de celui que nous concevons, et, par conséquent, rien ne nous permet d'affirmer que l'espace est *en acte*, et encore moins qu'il est *infini en acte*. Mais Newton a anticipé cette dernière objection (ce qui semble indiquer qu'il traitait bien ici de l'espace en général, et non pas seulement d'un espace mathématique), et rétorque ainsi que :

> [...] ce fait ne s'oppose pas à notre raisonnement [...] tant parce que si nous en sommes ignorants, Dieu lui du moins comprend que [l'espace] n'a pas de limite, et ce d'une manière non pas seulement indéfinie mais certaine et positive, que parce que nous concevons de manière positive et très certaine que l'espace transcende toute limite, lors même que nous l'imaginons négativement.[58]

[58] *Ibidem*, p. 127.

Ce passage n'est pas évident, rien ne permet de déduire l'infinité positive de l'espace (tel que nous le concevons) du fait (si l'on peut appeler cela un fait) que Dieu comprenne que « l'espace n'a pas de limite » ; encore une fois nous ne sommes pas Dieu, et pour cela, non seulement nous ne pouvons pas connaître avec certitude que l'espace est infini, mais il nous est tout aussi impossible de prouver que l'espace est *en acte*, il se pourrait fort bien que du point de vue de Dieu, l'espace soit, d'une part, très limité, fini, et d'autre part qu'il ne soit qu'*en puissance*. C'est donc la nature de l'espace que Newton peine à démontrer, et tente de définir. Nous avons déjà vu que le rôle de l'imagination dans sa définition de l'étendue empêchait de distinguer clairement l'espace imaginaire (ou potentiel) de l'espace réel (en acte), et, pour cette raison, empêchait tout simplement de justifier et de fonder l'idée même d'un *espace réel*. Sur le point précis de la distinction entre l'infini et l'indéfini, il ne nous semble pas du tout que Newton soit parvenu à un meilleur résultat que Descartes, au contraire, en réduisant ce qui est indéfini à ce qui manque de détermination, il se voit contraint, pour défendre et justifier que l'espace soit infini positivement, de démontrer que cet espace est parfaitement déterminé, de poser que cet espace est en acte, c'est-à-dire absolument tel qu'il devrait être, sans manque, et pour ce faire, de quasiment se mettre à la place de Dieu ; c'est nous semble-t-il dans cette optique qu'il faut comprendre ce passage : « Dieu lui du moins comprend que [l'espace] n'a pas de limite, et ce d'une manière non pas seulement indéfinie mais certaine et positive ». Ainsi, ne pouvant pas, car n'étant pas Dieu, démontrer de façon certaine que l'espace est en acte, et, par la même occasion, que ce dernier est infini en acte, Newton ne parvient pas à se sortir de la distinction cartésienne entre l'*infini* et l'*indéfini*[59]. Plus encore, l'espace reste indéterminé

[59] La distinction cartésienne entre infini et indéfini est bien connue. L'infini est ce qui est positivement sans bornes et ne s'applique qu'à Dieu. L'indéfini n'est pas un infini en extension, spatial, négatif, potentiel, ou quantitatif. Il doit être compris littéralement, comme in-

et, comme nous l'avons vu précédemment, il est difficile de savoir à quel point la conception que nous pouvons en avoir dépend de l'imagination. Ce point est très important, car c'est là que se rencontre le problème de la distinction du rêve et de la réalité, celui-là même que Descartes abordait dans les *Méditations Métaphysiques.* Comment devons-nous interpréter ce passage, où Newton avance que l'espace est nécessairement infini en acte, « parce que nous concevons de manière positive et très certaine que l'espace transcende toute limite, lors même que nous l'imaginons négativement » ? Nous remarquons que jusqu'ici Newton ne dit pas *ce qu'est* l'espace, il se préoccupe essentiellement de démontrer son infinité, et nous ne savons toujours pas quel statut attribuer à l'imagination, qui joue incontestablement un rôle fondamental dans la définition newtonienne de l'étendue.

---

défini, c'est-à-dire in-déterminé : il est une notion négative désignant ce dont on ne peut identifier et prouver les limites.

Chapitre 6

Élargissement du concept d'infini

En attribuant à l'espace l'infinité, Newton ne prend-il pas le risque de confondre Dieu et l'espace ? Comment tracer de façon claire et distincte une démarcation entre l'infinité de Dieu et l'infinité de l'espace ? En rejetant la distinction cartésienne certes formelle, mais néanmoins compréhensible entre l'infinité divine et l'indéfinité de l'étendue, Newton prend le risque de confondre Dieu et l'espace absolu, les deux réalités partageant un certain nombre d'attributs en commun, comme par exemple l'immatérialité et l'absoluité. Pour éviter une telle confusion ontologique, il faudra tracer entre Dieu et l'espace absolu une frontière claire et distincte, ce à quoi va désormais s'atteler Newton. La fin de la seconde partie est encore à l'attention de Descartes, Newton revenant une dernière fois sur la distinction de l'*infini* et de l'*indéfini*, et plus précisément sur la volonté de Descartes de ne point confondre ces deux notions; d'après Newton, Descartes aurait refusé de dire explicitement que l'espace est infini en acte, craignant que ne soient confondues l'étendue et la puissance infinie de Dieu, et que pour cette raison, sa philosophie puisse être taxée d'athéisme, l'étendue et le corps ne faisant qu'un dans celle-ci :

> Mais je vois bien ce que Descartes a craint : s'il posait l'espace comme infini, il lui donnerait peut-être le statut de Dieu à cause de la perfection de l'infinité.[60]

Pour invalider cette idée que « la perfection de l'infinité » puisse faire que l'on confonde l'espace et Dieu, les deux étant infinis, Newton va donner un argument qui nous semble plus qu'étonnant :

> Mais il n'en est rien car l'infinité n'est une perfection qu'en tant qu'elle est attribuée à d'autres perfections. L'infinité de l'esprit, de la puissance, du bonheur, etc., est une perfection suprême; l'infinité de l'ignorance, de l'impuissance, du malheur est une imperfection suprême; et l'infinité de l'étendue a pour perfection celle de ce qui est étendu.[61]

Voilà qui est surprenant, il semble que l'infinité ne soit rien de plus qu'un attribut, et que la perfection de ce à quoi elle est attribuée détermine sa propre perfection. Mais qu'est-ce qu'une ignorance infinie, ou un bonheur infini ? Peut-on attribuer l'infinité à n'importe quel objet de pensée, ou à n'importe quelle réalité, sur quel référent précis doit-on s'appuyer pour savoir avec exactitude que cette attribution de l'infinité est légitime ? Plus grave encore : *qui* attribue *réellement* l'infinité ? Suffit-il de dire qu'un bonheur est infini pour que celui-ci le soit *réellement.* Si l'infinité n'est qu'un attribut au sens d'un mot que l'on joint à un autre mot, par l'intermédiaire de la copule « est », comme lorsque l'on dit par exemple qu'un malheur est infini, ne risque-t-on pas de tomber dans un jeu de langage stérile, vain ? Si l'on prétend que cette attribution de l'infinité transcende la dimension du langage, et désigne quelque chose de *réel*, autrement dit, un malheur qui soit *réellement* infini (c'est-à-dire infini en acte), *de qui* ou *de quoi* dépendra cette attribution de l'infinité au malheur, de nous-mêmes ou de Dieu ? Nécessairement de Dieu, à moins de faire comme si l'infinité ne dépendait que de notre volonté, ce qui n'aurait

---

60 Isaac Newton, *op. cit.*, p. 127.

61 *Idem.*

guère de sens, car comment pourrions nous créer, par nos forces limitées, quelque chose de *réellement* infini en acte ? Mais si de Dieu dépend que puisse être infinie en acte quelque réalité, l'infinité ne peut donc pas être attribuée à Dieu comme elle le serait, par exemple, au bonheur ou au malheur. Cette fin de la seconde partie de la définition générale de l'étendue (qui, nous le rappelons encore, comporte en tout six parties) est donc particulièrement troublante, surtout en ce qui concerne le statut de la notion d'infini, en effet, qu'est-ce que l'infini ? L'infinité de l'espace, que Newton induisait de l'impossibilité d'imaginer ou de concevoir quelque limite à ce dernier[62], a-t-elle un rapport, et si oui lequel, avec « l'infinité de l'esprit, de la puissance, du bonheur, etc., » ? Il est vraiment très difficile, en restant fidèle au texte, de répondre de façon certaine à cette interrogation.

[62] *Ibidem*, p. 125.

Chapitre 7

Lieux & mouvements

Nécessité d'un « espace immobile »

Un espace immobile comme référent immuable de tous les mouvements

Rappelons que *l'objectif principal de la métaphysique de Newton est de tracer une frontière ontologique infranchissable entre l'espace et les corps*, or pour cela il doit absolutiser l'espace et relativiser les corps ainsi que leurs mouvements par rapport à ce dernier. Nous avons vu que Newton a commencé ce processus d'absolutisation de l'espace en attribuant à celui-ci l'infinité, garante de son incorporéité (un corps ne pouvant être, par définition, infini *en acte*). Mais cela n'est pas suffisant, il faut aussi, toujours dans l'optique de le dématérialiser, dissocier l'espace de tout mouvement, afin qu'il ne puisse être confondu avec un corps. En effet, comme nous le verrons, Newton refuse à l'espace toute forme de mobilité, seuls les corps pouvant être mus. C'est donc à partir de cette nouvelle frontière ontologique du *mouvement* et de l'*immobilité* que Newton poursuit sa détermination d'un espace « absolu » et surtout accentue la démarcation ontologique entre l'espace et les corps. La troisième partie de la définition de l'étendue commence par cette affirmation : « Les parties de l'espace sont immobiles »[63]. Pour expliciter cette idée qui peut paraître surprenante au premier abord, Newton effectue la comparaison suivante :

> En effet, de même que l'individuation des parties de la durée résulte de l'ordre, de sorte que si (par exemple) hier pouvait changer de place avec aujourd'hui et devenir postérieur, il perdrait son individualité et serait non plus hier mais aujourd'hui.[64]

Et l'auteur de continuer :

> De même, les parties de l'espace doivent leur individuation à leurs positions, de sorte que, si deux quelconques d'entre elles pouvaient changer de position, elles changeraient en même temps d'individuation et chacune se changerait numériquement en l'autre.[65]

Mais quel est cet espace dont les parties sont immobiles? La réponse la plus claire semble se trouver dans un autre ouvrage, les *Principes mathématiques de la philosophie naturelle* :

> L'ordre des parties de l'espace est aussi immuable que celui des parties du temps ; car si les parties de l'espace sortoient de leur lieu, ce seroit, si l'on peut s'exprimer ainsi, sortir d'elles-mêmes. Les temps & les espaces n'ont pas d'autres lieux qu'eux-mêmes, & ils font les lieux de toutes les choses. Tout est dans le temps, quant à l'ordre de la succession : tout est dans l'espace, quant à l'ordre de la situation. C'est là ce qui détermine leur essence, & il seroit absurde que les lieux primordiaux se mûssent. Ces lieux sont donc les lieux absolus, & la seule translation de ces lieux fait les mouvements absolus.[66]

---

63 *Ibidem*, p. 127.
64 *Ibidem*, p. 128.
65 *Idem.*
66 Isaac Newton, *Principes mathématiques de la philosophie naturelle*, traduction française de la Marquise du Châtelet, 2 volumes, Paris, 1759, volume I, pages 11 et 12.

Un « lieu » est une partie de l'espace que l'on peut appréhender de deux façons, la première, relativement aux corps qui emplissent ce lieu, la seconde, relativement à l'espace absolu dont il est une partie fixe, immuable :

> Le lieu est la partie de l'espace occupée par un corps, & par rapport à l'espace, il est ou relatif ou absolu. Je dis que le lieu est une partie de l'espace, & non pas simplement la situation du corps, ou la superficie qui l'entoure : car les solides égaux ont toujours des lieux égaux, quoique leurs superficies soient souvent inégales, à cause de la dissemblance de leurs formes; les situations, à parler éxactement, n'ont point de quantité, ce sont plutôt des affections des lieux proprement dits.[67]

Il faut, pour éclaircir ce point, revenir à la motivation selon nous fondamentale de Newton, qui est de fonder la science physique, et plus exactement, de sauver celle-ci d'un relativisme absolu qui ruinerait toutes possibilités de pouvoir expliquer les mécanismes de l'univers ; pour comprendre cela, il faut se pencher sur la vision newtonienne du *mouvement* :

> Comme les parties de l'espace ne peuvent être vûes ni distinguées les unes des autres par nos sens, nous y suppléons par des mesures sensibles. Ainsi nous déterminons les lieux par les positions & les distances à quelque corps que nous regardons comme immobile, & nous mesurons ensuite les mouvemens des corps par rapport à ces lieux ainsi déterminés: nous nous servons donc des lieux & des mouvemens relatifs à la place des lieux & des mouvemens absolus; & il est à propos d'en user ainsi dans la vie civile: mais dans les matières philosophiques, il faut faire abstraction des sens; car il se peut faire qu'il n'y ait aucun corps véritablement en repos, auquel on puisse rapporter les lieux & les mouvemens.[68]

---

[67] *Ibidem*, pp. 9-10.
[68] *Ibidem*, pp. 11-12.

Mouvements relatifs & mouvements absolus

Il faut faire comme si certains corps étaient réellement immobiles, pour pouvoir établir des mesures et fixer, même arbitrairement, des positions dans l'espace. L'immobilité (d'un corps) est donc la condition de possibilité de la mesure, pour déterminer un lieu et mesurer à l'intérieur de ce lieu certains mouvements des corps, il faut être capable de fixer des positions et d'établir des distances à partir d'un référent qui ne change pas, c'est-à-dire à partir d'un point fixe, que Newton désigne ici comme étant un corps « que nous regardons comme immobile ». Newton à ce moment là ne tranche pas sur la question de savoir si des corps peuvent être réellement en repos ou pas, ce qui est par contre certain, c'est que la nécessité de postuler un espace absolu dépend de la nécessité de poser un mouvement absolu, car, et c'est là un point crucial de la démonstration de Newton, tous les mouvements relatifs impliquent des mouvements absolus :

> Le repos & le mouvement relatifs & absolus sont distingués par leurs *propriétés*, leurs *causes* & leurs *effets*. La propriété du repos est que les corps véritablement en repos y sont les uns à l'égard des autres. Ainsi, quoi qu'il soit possible qu'il y ait quelque corps dans la région des fixes ou beaucoup au-delà, qui soit dans un repos absolu, comme on ne peut pas connoître, par la situation qu'ont entr'eux les corps d'ici-bas, si quelqu'un de ces corps conserve ou non sa situation par rapport à ce corps éloigné, on ne sçauroit déterminer, par le moyen de la situation que ces corps ont entr'eux, s'ils sont véritablement en repos. La propriété du mouvement est que les parties qui conservent des positions données par rapport aux touts participent aux mouvements de ces touts ; car si un corps se meut autour d'un axe, toutes ses parties font effort pour s'éloigner de cet axe, & s'il a un mouvement progressif, son mouvement total est la somme des mouvements de toutes ses parties. De cette propriété il suit, que si un corps se meut, les corps qu'il contient, & qui sont par rapport à lui dans un repos relatif, se meuvent aussi ; & par conséquent, le mouvement vrai & absolu ne sçauroit être défini par la translation du voisinage des corps extérieurs, que l'on

> considère comme en repos [contrairement à ce que défend Descartes]. Il faut que les corps extérieurs soient non seulement regardés comme en repos, mais qu'ils y soient véritablement : autrement les corps qu'ils renferment, outre leur translation du voisinage des ambians, participeront encore au mouvement vrai des ambians, & s'ils ne changeoient point de position par rapport aux parties des ambians, ils ne seroient pas pour cela véritablement en repos; mais ils seroient seulement considérés comme en repos. Les corps ambians sont à ceux qu'ils contiennent, comme toutes les parties extérieures d'un corps sont à toutes ses parties intérieures, ou comme l'écorce est au noyau. Or l'écorce étant mue, le noyau se meut aussi, quoiqu'il ne change point sa situation par rapport aux parties de l'écorce qui l'environnent. Il suit de cette propriété du mouvement qu'un lieu étant mû, tout ce qu'il contient se meut aussi, & par conséquent, qu'un corps qui se meut dans un lieu mobile, participe au mouvement de ce lieu.[69]

Voilà pourquoi, et ce point précis de l'argumentation est essentiel pour nos travaux, il faut conclure de tout ce qui a été dit précédemment que :

> Tous les mouvements qui s'exécutent dans des lieux mobiles ne sont donc que les parties des mouvemens entiers & absolus. Le mouvement entier & absolu d'un corps est composé du mouvement de ce corps dans le lieu où l'on le suppose, du mouvement de ce lieu dans le lieu où il est placé lui même, & ainsi de suite, jusqu'à ce qu'on arrive à un lieu immobile, comme dans l'éxemple du Pilote [...]. Ainsi les mouvements entiers & absolus ne peuvent se déterminer qu'en les considérant dans un lieu immobile : & c'est pourquoi j'ai rapporté ci-dessus les mouvemens absolus à un lieu immobile, & les mouvements relatifs à un lieu mobile. Il n'y a de lieux immobiles que ceux qui conservent à l'infini dans tous les sens leurs situations respectives; & ce sont ces lieux qui constituent l'espace que j'appelle *immobile*.[70]

[69] *Idem.*
[70] *Idem.*

Ce détour par la définition que Newton donne du mouvement, et surtout par la frontière subtile qu'il trace entre « mouvement relatif » et « mouvement absolu », rend beaucoup plus claire sa conception d'un espace absolu, qui est en définitive un « espace immobile ». Newton travaille avec l'idée de *lieu*, et effectivement, un corps est toujours quelque part, c'est-à-dire en un *lieu*, le problème, c'est que le *lieu* est quelque chose de flou, de difficile à délimiter, et surtout de mobile, par exemple, un coffre en apparence immobile (dans « un repos relatif »), situé à l'intérieur d'un navire en marche, sera lui même mobile, car faisant partie de ce *lieu* qu'est le navire en mouvement, et de même, si de quelconques objets se trouvent dans le coffre, eux aussi seront mobiles, en vertu du principe qu'un « lieu étant mû, tout ce qu'il contient se meut aussi, & par conséquent, qu'un corps qui se meut dans un lieu mobile, participe au mouvement de ce lieu ». Le problème est que si l'on en reste à un morcellement de l'espace en *lieux* relatifs, c'est-à-dire sans point de référence fixe, immuable et absolu, à partir duquel il serait possible de juger de la position *réelle* de ces lieux les uns par rapport aux autres, la science est condamnée à subsister dans un relativisme radical, insurmontable, puisque ne pouvant jamais déterminer les mouvements des corps qu'elle observe ou manipule, à partir d'un « lieu immobile », c'est-à-dire à partir d'un espace *réellement* indivisible, identique à lui-même, absolu. C'est pourquoi, afin de ne point laisser dans une indétermination radicale le mouvement des corps, et tous les calculs de positions et de distances qui en dépendent, Newton est contraint de postuler l'existence *réelle* d'un espace absolu, indivisible et imperceptible, dont dépendent les lieux et mouvements relatifs dont nous nous préoccupons. Mais si l'on suit bien le raisonnement, cela signifie qu'en réalité, tous les mouvements sont en quelque sorte absolus, puisque pouvant tous être rapportés, finalement, à ce « lieu immobile » qui rend raison de tous les lieux possibles et imaginables où des corps peuvent être situés. C'est dans ce sens qu'il faut, semble-t-il, entendre et interpréter ce passage de l'extrait cité plus haut :

> Le mouvement entier & absolu d'un corps est composé du mouvement de ce corps dans le lieu où l'on le suppose, du mouvement de ce lieu dans le lieu où il est placé lui même, & ainsi de suite, jusqu'à ce qu'on arrive à un lieu immobile.[71]

Mais attention, cela ne signifie pas que nous puissions déterminer *ce qu'est* un mouvement absolu, nous n'en sommes pas capable pour la simple raison que l'espace est inaccessible à nos sens, que nous ne pouvons pas le percevoir tel qu'il est. Ce que nous percevons, ce sont des corps qui se situent dans l'espace, et les mouvements de ces corps par rapport à ceux d'autres corps ou d'autres objets qui se situent dans le même espace, mais jamais nous ne percevons directement le mouvement des corps par rapport à l'espace absolu lui-même. Par contre, il nous est possible de distinguer le mouvement absolu du mouvement relatif, en examinant les causes et les effets de ces derniers :

> Les causes par lesquelles on peut distinguer le mouvement vrai du mouvement relatif sont les forces imprimées dans les corps pour leur donner du mouvement : car le mouvement vrai d'un corps ne peut être produit ni changé que par des forces imprimées à ce corps même ; au lieu que son mouvement relatif peut être produit & changé, sans qu'il éprouve l'action d'aucune force : il suffit qu'il y ait des forces qui agissent sur les corps par rapport ausquels on le considère, puisque ces corps étant mûs, la relation dans laquelle consiste le repos ou le mouvement relatif change, de même, le mouvement absolu d'un corps peut changer, sans que son mouvement relatif change ; car si les forces qui agissent sur ce corps agissoient en même temps sur ceux par rapport ausquels on le considère, & en telle sorte que les relations restassent toujours les mêmes, le mouvement relatif, qui n'est autre chose que ces relations, ne changeroit point. Ainsi le mouvement relatif peut changer, tandis que le mouvement vrai et absolu reste le même, & il peut se conserver aussi, quoique le mouvement absolu change ; il est donc sûr que le mouvement absolu ne consiste point dans ces forces de relations.[72]

---

[71] *Idem.*

[72] *Ibidem*, pp. 12-13.

C'est en observant des changements dans les relations mutuelles de certains corps, que l'on peut déterminer les forces qui agissent sur ces derniers, et distinguer ceux qui sont dans un mouvement relatif de ceux qui sont dans un repos relatif. Ainsi, le mouvement relatif en général n'est pas « autre chose que ces relations » entre les corps : pour déterminer la force et le mouvement d'un corps, nous sommes contraints de rapporter ce corps aux comportements des autres corps qui l'environnent ; il s'agit là d'un relativisme contraignant (car sans limites), duquel Newton a su s'extirper, en mettant en avant la spécificité du mouvement circulaire, par lequel on peut connaître et mesurer un mouvement absolu :

> Les effets par lesquels on peut distinguer le mouvement absolu du mouvement relatif, sont les forces qu'ont les corps qui tournent pour s'éloigner de l'axe de leur mouvement ; car dans le mouvement circulaire purement relatif, ces forces sont nulles, & dans le mouvement circulaire vrai & absolu elles sont plus ou moins grandes selon la quantité du mouvement. Si on fait tourner en rond un vase attaché à une corde jusqu'à-ce que la corde, à force d'être torse, devienne en quelque sorte infléxible ; si on met ensuite de l'eau dans ce vase, & qu'après avoir laissé prendre à l'eau & au vase l'état de repos, on donne à la corde la liberté de se détortiller, le vase acquérera par ce moyen un mouvement qui se conservera très longtemps: au commencement de ce mouvement la superficie de l'eau contenue dans le vase restera plane, ainsi qu'elle l'étoit avant que la corde se détortillât ; mais ensuite le mouvement du vase se communiquant peu à peu à l'eau qu'il contient, cette eau commencera à tourner, à s'élever vers les bords, & à devenir concave, comme je l'ai éprouvé, & son mouvement s'augmentant, les bords de cette eau s'éléveront de plus en plus, jusqu'à-ce que ses révolutions s'achevant dans des temps égaux à ceux dans lesquels le vase fait un tour entier, l'eau sera dans un repos relatif par rapport à ce vase. L'ascension de l'eau vers les bords du vase marque l'effort qu'elle fait pour s'éloigner du centre de son mouvement, & on peut connoître & mesurer par cet effort le mouvement circulaire vrai & absolu de cette eau, lequel est entièrement contraire à son mouvement relatif ; car dans le commencement où le mouvement relatif de l'eau dans le vase étoit le plus grand, ce

mouvement n'excitoit en elle aucun effort pour s'éloigner de l'axe de son mouvement : l'eau ne s'élevait point vers les bords du vase, mais elle demeuroit plane, & par conséquent elle n'avoit pas encore de mouvement circulaire vrai & absolu: lorsqu'ensuite le mouvement relatif de l'eau vint à diminuer, l'ascension de l'eau vers les bords du vase marquoit l'effort qu'elle faisoit pour s'éloigner de l'axe de son mouvement ; & cet effort, qui alloit toujours en augmentant, indiquoit l'augmentation de son mouvement circulaire vrai. Enfin ce mouvement vrai fut le plus grand, lorsque l'eau fut dans un repos relatif dans le vase. L'effort que faisoit l'eau pour s'éloigner de l'axe de son mouvement, ne dépendoit donc point de sa translation du voisinage des corps ambiants, & par conséquent le mouvement circulaire vrai ne peut se déterminer par de telles translations.[73]

Le mouvement circulaire de l'eau devient au fil de l'expérience de plus en plus *autonome*, c'est-à-dire de moins en moins dépendant du mouvement du vase ou de tout autre corps environnant, c'est cette *autonomie* du mouvement, caractérisée par « l'ascension de l'eau vers les bords du vase », alors que ce dernier n'est plus en mouvement, qui manifeste selon Newton un « mouvement absolu ». Il était important que Newton puisse donner une illustration (qui est en fait une preuve) empirique de cet espace absolu dont il ne faisait que postuler l'existence jusqu'alors. Le caractère absolu de la rotation confirme les intuitions métaphysiques de Newton concernant la nature de l'espace, et permet à la science de s'appuyer sur un fait solide à partir duquel d'autres investigations pourront se mettre en place. Néanmoins, la nature de cet espace n'est toujours pas déterminée, quel est cet espace, comment le concevoir s'il échappe absolument à tous nos moyens de percevoir ? De plus, l'autonomie du mouvement rotatoire ou circulaire de certains corps est-elle suffisante pour induire l'existence d'un espace absolu ? Le fait que nous n'ayons pas besoin, pour déterminer le mouvement rotatoire ou circulaire d'un corps, de recourir à un système

[73] *Ibidem*, pp. 13-14.

de référence représenté par un corps en repos, signifie-t-il pour autant que ce mouvement rotatoire ou circulaire est absolu ? En fait, lorsque Newton parle de « mouvement absolu », il entend mouvement relatif à l'espace absolu, et non pas mouvement absolu en soi-même, ce qui n'aurait pas grande signification. En effet, le mouvement de l'eau dans l'expérience donnée ci-dessus, n'apparaît comme étant doué d'une certaine autonomie que dans *un moment* précis de l'expérience :

> [...] lorsqu'ensuite le mouvement relatif de l'eau vint à diminuer, l'ascension de l'eau vers les bords du vase marquoit l'effort qu'elle faisait pour s'éloigner de l'axe de son mouvement ; & cet effort, qui alloit toujours en augmentant, indiquoit l'augmentation de son mouvement circulaire vrai.[74]

Ainsi le mouvement circulaire de l'eau n'est pas absolu en soi, mais n'est tout simplement plus déterminé par *comparaison* avec quelque corps environnant que l'on supposerait au repos, autrement dit, ce mouvement circulaire n'est plus déterminé relativement à autre chose que lui-même, ce qui explique que Newton le qualifie de « vrai & absolu ». Néanmoins, comment justifier qu'à partir de ce mouvement de la rotation, Newton puisse induire l'existence d'un espace absolu ? Nous avons vu que l'espace absolu doit être fondamentalement *immobile*, en effet :

> Le mouvement entier & absolu d'un corps est composé du mouvement de ce corps dans le lieu où l'on le suppose, du mouvement de ce lieu dans le lieu où il est placé lui même, & ainsi de suite, jusqu'à ce qu'on arrive à un lieu immobile [...]. Ainsi les mouvements entiers & absolus ne peuvent se déterminer qu'en les considérant dans un lieu immobile: & c'est pourquoi j'ai rapporté ci-dessus les mouvements absolus à un lieu immobile, & les mouvements relatifs à un lieu mobile.[75]

---

74 *Idem.*

75 *Ibidem*, p. 12.

Ce point est crucial, si l'espace absolu est fondamentalement immobile (et immuable), pourquoi la rotation (qui est un mouvement) doit-elle supposer l'existence de cet espace immobile ? La seule réponse qui semble s'imposer est la suivante : l'espace "immobile" est *autonome* (absolument non-relatif), et, par conséquent, la rotation d'un corps semblant manifester une réelle *autonomie*, (puisqu'il est inutile, pour déterminer et mesurer la vitesse du mouvement de ce corps, de nous préoccuper de la position ou du comportement d'aucun corps autre que celui qui tourne), c'est sur ce point commun de l'*autonomie* (de la *non-relativité*) que se rejoignent espace absolu et mouvements absolus. Ce n'est donc pas tellement la notion d'*immobilité* qui importe, pour expliciter ce que Newton entend par « absolu », lorsqu'il attribue cette perfection à l'espace, mais plutôt la notion de *l'autonomie* ; Newton, en métaphysicien rigoureux, reprend, du moins en partie, la définition classique de l'absolu, à savoir « [...] ce qui, dans la pensée comme dans la réalité, ne dépend d'aucune autre chose et porte en soi-même sa raison d'être. »[76]

Mais ce lien posé par Newton entre *autonomie* et *absolu* ne va pas sans poser certains problèmes. Premièrement, l'*autonomie* du mouvement de la rotation n'est que partielle, en effet, il n'existe pas de mouvement désincarné, qui dit mouvement dit mouvement de *quelque chose* par conséquent, le mouvement est toujours dépendant de *ce qui* se meut, et cette dépendance du mouvement à *ce qui* se meut est une forme de relation, qui apparaît très évidente lorsque l'on se place dans la durée. Ainsi, cette règle selon laquelle « [...] le mouvement vrai circulaire de tout corps qui tourne est unique, & [...] répond à un seul effort qui est sa mesure naturelle & exacte »[77] n'a de vérité que dans le laps de temps, plus ou moins long, au cours

[76] André Lalande, *Vocabulaire technique et critique de la philosophie*, à *Absolu*, 2. Métaphysique, Presses Universitaires de France, 2 Tomes, Paris, 1926.

[77] Isaac Newton, *Principes mathématiques de la philosophie naturelle*, traduction française de la Marquise du Châtelet, 2 volumes, Paris, 1759, volume 1, p. 14.

duquel on constate sans discontinuité que le corps en question persiste bel est bien dans l'existence. La disparition d'une planète ou d'une étoile, par exemple, entraîne aussitôt la disparition de son mouvement, et, par conséquent, il n'est pas question de parler d'un mouvement *réellement* absolu, c'est-à-dire absolument autonome, y compris lorsqu'il s'agit d'un mouvement circulaire ou rotatoire. Ainsi, quel que soit le type d'objet que l'on observe en rotation, il est impossible de dire du mouvement de cet objet qu'il est « absolu », c'est-à-dire autonome, car la rotation implique toujours la nécessité que *quelque chose* soit en rotation, autrement dit, que ce *quelque chose* soit nécessairement intégré dans une échelle de temps. Et c'est par cette dépendance vis à vis de sa durée (laquelle témoigne de sa persistance en l'existence), de l'objet en question, que l'on aperçoit que le mouvement de cet objet ne peut être réellement absolu, c'est-à-dire autonome, car la raison d'être et même la cause de ce mouvement ne peut se trouver dans le corps qui se meut ; ainsi, le principe du mouvement d'un corps ne réside pas dans le corps lui-même, comme en témoigne le fait que ce corps doive périr et disparaître. Un corps ne peut être appréhendé uniquement selon son ou ses mouvements, mais doit être aussi déterminé par sa *présence*, et puisqu'il nous est impossible d'expliquer *la présence* de ce corps par une cause ou raison claire et distincte, et puisque nous concevons que ce corps ne possède pas en lui-même sa raison d'être, nous ne pouvons pas, autrement qu'arbitrairement, faire comme si le mouvement de ce corps était réellement autonome, et ne dépendait pas en réalité, de forces, d'énergies, ou de quelconques autres corps dont nous ne connaissons ni l'existence ni les influences. Plus simplement, on pourrait dire que *ce qui* se trouve à l'origine du corps étudié (c'est-à-dire à l'origine du fait que celui-ci soit manifestement présent dans l'espace), conserve une influence importante et même nécessaire dans le mouvement de ce corps, que ce mouvement soit rectiligne ou circulaire, et que pour cette raison, il soit impossible de séparer *de facto* le mouvement d'un corps des conditions qui rendent possible que ce dernier persiste en l'existence (c'est-à-dire *dure* en tant que corps). Il faut savoir que pour Newton, le corps, contrairement à l'étendue, « [...] existe non pas nécessairement mais par la volonté divine », et que pour cette raison, il est particulièrement difficile de le définir avec exactitude :

> [...] puisqu'il ne nous est pas permis de connaître les limites de la puissance divine, c'est-à-dire puisque nous ne savons pas si la matière a pu être créée d'une seule façon, ou s'il existe plusieurs façons de produire des êtres différents les uns des autres et pourtant tout à fait semblables à des corps.[78]

Ainsi, la dépendance ontologique des corps vis à vis du Créateur implique aussi que les mouvements de ces corps (circulaires ou rectilignes) soient eux aussi dépendants de Dieu, ce qui relativise très fortement le caractère autonome ou « absolu » que Newton confère aux mouvements de rotation :

> [...] il ne faut absolument pas refuser à Dieu, dont la faculté de penser est infiniment plus puissante et prompte que la nôtre, le pouvoir de mouvoir n'importe quel corps, selon sa volonté.[79]

Deuxièmement, et consécutivement à ce qui vient d'être dit, un autre problème survient, celui de la non-séparabilité des éléments de l'ensemble étudié. Pour que l'affirmation newtonienne du caractère absolu de la rotation soit fondée, il faut absolument que soit postulée l'existence du *vide*. En effet, si Newton qualifie d'« absolu & vrai » le mouvement de la rotation, c'est qu'il croit possible de déterminer le mouvement d'un corps en rotation *indépendamment* de la considération de quelconque autre corps, mais cela suppose que tous les corps soient séparés ontologiquement, c'est-à-dire par du vide :

---

[78] Isaac Newton, *De gravitatione et aequipondio fluidorum (De la gravitation suivi de Du mouvement des corps)*, Éditions Gallimard, 1995, p. 130.
[79] *Ibidem*, p. 131.

Si, par éxemple, deux globes attachés l'un à l'autre par le moyen d'un fil de longueur donnée viennent à tourner autour de leur centre commun de gravité, la tension du fil fera connoître l'effort qu'ils font pour s'écarter du centre du mouvement, & donnera par ce moyen la quantité du mouvement circulaire. Ensuite, si en frappant ces deux globes en même-temps, dans des sens opposés, & avec des forces égales, on augmente ou on diminue le mouvement circulaire, on connoîtra par l'augmentation ou la diminution de la tension du fil, l'augmentation ou la diminution du mouvement ; & enfin on trouvera par ce moyen les côtés de ces globes où les forces doivent être imprimées pour augmenter le plus qu'il est possible le mouvement, c'est-à-dire, les côtés qui se meuvent parallélement au fil, & qui suivent son mouvement ; connoissant donc ces côtés & leurs opposés qui précédent le mouvement du fil, on aura la détermination du mouvement. On parviendroit de même à connoître la quantité & la détermination de ce mouvement circulaire dans un vuide quelconque immense, où il n'y auroit rien d'extérieur ni de sensible à quoi on pût rapporter le mouvement de ces globes.[80]

La fin de ce passage est très claire et confirme ce que nous disions un peu plus haut, à savoir que la nature insensible de l'espace newtonien dépend de la non-relativité du mouvement de la rotation des corps. On comprend que cette non-relativité du mouvement de la rotation, pour être effective et surtout *réelle*, doit nécessairement reposer sur l'existence du vide. En effet, pour qu'il soit absolument certain que rien d'extérieur ne vienne influencer la détermination du mouvement circulaire d'un corps, il faudrait que ce corps soit, alors même qu'il est en mouvement, *réellement* et *totalement* isolé des autres corps environnants, autrement dit, qu'il soit placé dans le vide, afin que l'on puisse distinguer sans risque d'erreur ce qui dépend de lui de ce qui ne dépend pas de lui. Mais il est clair que l'existence d'un tel vide est particulièrement

80 Newton, *Principes mathématiques de la philosophie naturelle*, traduction française de la Marquise du Châtelet, 2 volumes, Paris, 1759, volume 1, pp. 17-18.

difficile à prouver, et l'argument suivant que Newton avance contre l'idée de la non-séparabilité, ou plus exactement, contre l'hypothèse de l'identification de la matière avec l'étendue, nous paraît plutôt fébrile :

> Tous les espaces ne sont pas également pleins. Car s'ils l'étoient, toute matière seroit également dense, ainsi la gravité spécifique du fluide qui rempliroit la région de l'air ne céderoit point à la gravité spécifique du vif argent, de l'or, ou de quelqu'autre corps, quelque dense qu'il fut ; ainsi l'or ni aucun autre corps quelconque ne pourroit descendre dans l'air. Car les corps ne descendent dans les fluides que parce qu'ils sont spécifiquement plus pesans. Or si la quantité de matière peut diminuer par la raréfaction jusqu'à un certain point dans un espace donné, pourquoi ne pourra-t-elle pas diminuer à l'infini ?[81]

Que les espaces ne soient « pas également pleins », cela semble être confirmé par l'expérience, mais cela ne signifie pas pour autant qu'ils soient (ou que certains d'entre eux) soient immatériels. De plus, que la quantité de matière puisse « diminuer [...] à l'infini » ne signifie pas pour autant qu'il y ait *réellement* du vide. Enfin, il est impossible empiriquement de démontrer de façon certaine que le mouvement de la rotation soit réellement autonome, car il est *de facto* impossible de percevoir l'univers ou l'espace dans son intégralité, et, par conséquent, il est tout aussi impossible de prétendre que le mouvement de tel corps étudié à tel endroit et à tel moment soit absolument sans lien ou sans rapport de cause à effet avec quelque chose d'autre qui agirait sur lui à distance, par exemple à partir d'un lieu dans l'espace que nous ne pouvons pas appréhender directement. Notons qu'un tel relativisme devient encore plus difficilement surmontable si l'on considère que l'espace est infini *en acte* : en effet, comment s'assurer que ce que l'on croit dépendre de tel ou tel corps ou de telle ou telle force en dépende véritablement, s'il ne

---

[81] Isaac Newton, *op. cit.*, livre III, Le Système du monde, prop. V, théorème VI, scholie, cor. III, p. 21.

nous est pas possible de saisir dans son intégralité le champ des connexions reliant les corps entre eux et favorisant leur interdépendance ? Mais nous reviendrons sur ce point plus en détail, nous voulions simplement mettre en avant les raisons qui poussèrent Newton à défendre la conception d'un espace absolu, tel celui dont il donne les principaux aspects dans le *De Gravitatione.* Peut-être, après ce détour par les *Principia*, œuvre majeure du savant britannique, la nécessité de poser un espace absolu apparaîtra plus évidente, surtout si l'on comprend la fonction que cet espace joue dans la distinction ô combien importante que Newton opère entre mouvements relatifs et mouvements absolus. Mais il n'empêche que cet espace est toujours très flou, très difficile à déterminer : quel est cet espace, et comment l'articuler à l'espace relatif à nos sens, qui est, finalement, celui des expériences scientifiques ?

Chapitre 8

Frontières de l'espace et des corps
Nécessité d'un espace incorporel

Justification d'un espace incorporel & immobile

Revenons à la définition générale de l'étendue que Newton donne dans le *De Gravitatione*, nous étions dans l'analyse de la troisième partie, et nous avions buté sur un passage surprenant, dans lequel Newton affirmait que « [...] de même que l'individuation des parties de la durée résulte de l'ordre, de sorte que si (par exemple) hier pouvait changer de place avec aujourd'hui et devenir postérieur, il perdrait son individualité et serait non plus hier mais aujourd'hui. De même, les parties de l'espace doivent leur individuation à leurs positions, de sorte que, si deux quelconques d'entre elles pouvaient changer de position, elles changeraient en même temps d'individuation et chacune se changerait numériquement en l'autre. »[82]. Il fallait faire appel aux considérations sur le mouvement développées dans les *Principia*, pour essayer d'éclaircir ce point, et de justifier le besoin qu'a eu Newton de déterminer métaphysiquement un tel espace. Il va de soi

[82] Isaac Newton, *De gravitatione et aequipondio fluidorum (De la gravitation suivi de Du mouvement des corps)*, Éditions Gallimard, 1995, p. 128.

que cet espace dont les parties ne peuvent être interverties, à l'image des « parties de la durée », n'est pas l'espace des mouvements relatifs, c'est-à-dire l'espace étudié par la science, et dépendant pour la majeure partie de nos sens. Il s'agit plutôt ici d'un espace mathématique, ou plus exactement d'un espace incorporel, Newton voulant se défaire des conséquences épistémologiques du relativisme général occasionné par l'identification cartésienne de la matière avec l'étendue ; il faut pour cela supposer un espace absolu, désincarné, immuable, dont il serait possible de tirer des lois générales ne dépendant pas directement des mouvements relatifs des corps. Nous avons vu que le point de contact entre cet espace absolu et l'espace relatif de la science physique était le mouvement « absolu & vrai » de la rotation; et nous avons remarqué que la base de l'argumentation newtonienne sur ce point précis reposait sur l'importance de l'*autonomie* : *autonomie* du mouvement circulaire, qui n'est plus relatif à autre chose que lui même, et *autonomie* de l'espace vrai, qui, en tant qu'absolu, est par essence immuable et identique à lui-même. C'est dans cette optique qu'il faut comprendre cette affirmation selon laquelle « les parties de l'espace sont immobiles », elles sont immobiles car fondamentalement incorporelles, sans lien avec autre chose qu'elles-mêmes, et, pour cette raison, échappant de toute éternité au principe de causalité. En effet, n'étant en contact avec rien d'autre qu'elles-mêmes, et puisque « leur ordre et leurs positions [...] ne peuvent changer ... », rien ne saurait être désigné comme étant leur cause ou leur origine. L'ordre et le positionnement immuables des parties de l'espace constituent donc le « principe d'individuation »[83] de ces dernières.

83 *Idem.*

Fondation & définition du concept métaphysique d'un « espace absolu »

Nous avons jusqu'à maintenant montré comment Newton a progressivement, contre Descartes, entrepris de dématérialiser l'espace afin de soustraire ce dernier du relativisme des mouvements corporels. C'est à travers l'établissement de frontières ontologiques précises que Newton accomplit cette tâche, lesdites frontières correspondant bien souvent à des dualités conceptuelles clairement identifiées : l'espace est immatériel, contrairement aux corps qui sont constitués d'une matière (qui reste à identifier), l'espace est infini, contrairement aux corps qui sont nécessairement finis ; l'espace est immobile, contrairement aux corps qui sont mobiles, etc. Mais il faut encore déterminer la *nature* de cet espace, ce qu'il est intrinsèquement. L'identifier à partir de ce qu'il n'est pas ne peut suffire, il faut le déterminer positivement, c'est-à-dire justifier non point seulement son existence, mais aussi son être. La quatrième partie de la définition générale de l'étendue débute ainsi : « L'espace est une affection de l'être en tant qu'être. » Nous avions émis l'hypothèse que Newton concevait l'absolu comme « ce qui, dans la pensée comme dans la réalité, ne dépend d'aucune autre chose et porte en soi même sa raison d'être. »[84]. La définition de l'espace comme « une affection de l'être en tant qu'être », semble confirmer cette hypothèse. Mais que signifie cette expression ? Signifie-t-elle que l'espace est une création de la puissance divine ? Cela paraît peu probable, dans la mesure où si c'était le cas, l'espace perdrait son caractère autonome et ne serait plus tout à fait absolu. La suite semble d'ailleurs le confirmer : « Aucun être n'existe ni ne peut exister sans être rapporté, de quelque manière, à l'espace ». Et par « être » il ne faut pas comprendre seulement les êtres créés, mais aussi Dieu :

---

[84] André Lalande, *Vocabulaire technique et critique de la philosophie*, à Absolu, 2. Métaphysique, Quadrige / Presses Universitaires de France.

> Dieu est partout, les esprits créés sont quelque part, le corps est dans l'espace qu'il remplit et toute chose qui n'est ni partout ni quelque part n'a pas d'être.[85]

Ce point est crucial : l'espace, pour Newton, est l'attribut fondamental, nécessaire et suffisant de l'*être*, au sens le plus général de ce terme. Tout ce qui *est*, doit se situer dans l'espace ; il est donc impossible de concevoir un être en dehors de l'espace. Ainsi, "être" signifie, de façon primordiale, être « quelque part ». Et Dieu, qui n'échappe pas à ce principe, se situe donc dans l'espace : « Dieu est partout » ; ce qui ne signifie pas qu'Il est un corps, en effet, nous savons désormais que l'espace est immatériel, qu'il est imperceptible aux sens, et que, pour ces deux raisons, rien n'empêche d'affirmer que Dieu soit présent dans l'espace. Mais une question semble s'imposer : si l'espace est infini en acte, et il l'est selon Newton, peut-on réellement donner un sens, ou un fondement solide, à cette affirmation selon laquelle « les esprits créés sont quelque part » ? Que signifie être *quelque part*, pour un individu se situant dans un espace infini ? Comme le souligne Joseph Raphson, l'infinité implique l'annihilation de toute forme de mesure, (la mesure impliquant nécessairement la finitude), ainsi tout système de mesure des corps et des distances dans un espace infini ne saurait être qu'arbitraire et *sans fondement dans la réalité* :

> Par rapport à ce lieu immense, un système de corps fini, si grand soit-il, est justement dit être nulle part. Celui-ci [le lieu] en effet est absolument au-delà de toute mesure : les *ici*, les *là*, les *au milieu* (qui ne sont que des rapports de choses finies les unes envers les autres), y disparaissent complètement.[86]

Nous aurions déjà pu nous poser une autre question ayant rapport avec l'infinité, lorsque nous analysions ce passage de la troisième partie de la définition de l'étendue,

---

85 Isaac Newton, *De gravitatione et aequipondio fluidorum (De la gravitation suivi de Du mouvement des corps),* Éditions Gallimard, 1995, p. 128.

86 Joseph Raphson, cité par Alexandre Koyré dans : *Du monde clos à l'univers infini*, Éditions Gallimard, 1973, p. 241.

dans lequel il était mentionné que l'espace absolu était doté de parties « immobiles »[87].

En effet, peut-on sérieusement fonder et justifier qu'un être quelconque, que l'on pose comme étant infini en acte, ait des parties distinctes les unes des autres ? Cela signifie-t-il que les parties de l'espace infini, prises séparément, sont substantiellement différentes de cet espace lui même ? N'oublions pas que, lorsque Newton dit de l'espace qu'il est infini en acte, il pose cette infinité comme substantielle, c'est-à-dire comme faisant partie intégrante de la nature même de cet espace. Or, si l'on admet des parties dans cet espace, logiquement, elles ne devraient être qu'*en puissance* par rapport à cet espace, c'est-à-dire potentiellement découpées dans celui-ci, sans jamais être en acte ; en effet, comment concevoir que quelque chose d'infini en acte puisse être composé de parties qui soient, quant à elles, finies en acte ? Ce point est important car, comme nous le verrons dans l'analyse de la cinquième partie de la définition générale de l'étendue : « Les positions, les distances et les mouvements locaux des corps doivent être rapportés aux parties de l'espace. »[88]

---

[87] Isaac Newton, *De gravitatione et aequipondio fluidorum (De la gravitation suivi de Du mouvement des corps),* Éditions Gallimard, 1995, p. 128.
[88] *Ibidem*, p. 129.

Chapitre 9

Frontières entre l'espace et Dieu

« L'espace est un effet émanant d'un être qui existe à titre premier »

Moins logique et peut-être plus existentielle, la question de savoir si oui ou non nous existons dans un monde infini est tout aussi importante que la précédente ; si l'espace est infini, prétendre que « les esprits créés sont quelque part » ne suffit pas à résoudre le problème posé par la difficulté de savoir ***où*** nous sommes ? Le problème n'est pas seulement topographique, il ne s'agit pas, relativement aux corps qui nous environnent, d'essayer de déterminer notre position dans l'espace, mais plutôt, de faire signifier l'espace, de faire parler l'espace, c'est-à-dire de déterminer sa nature ainsi que sa raison d'être ultime :

> Dieu est partout, les esprits créés sont quelque part, le corps est dans l'espace qu'il remplit et toute chose qui n'est ni partout ni quelque part, n'a pas d'être. Il suit de là que l'espace est un effet émanant d'un être qui existe à titre premier, puisque, quel que soit l'être que l'on pose, l'espace est posé par là même.[89]

---

[89] *Ibidem*, p. 128.

Cet être qui « existe à titre premier », mentionné dans la citation précédente, n'est autre que Dieu. Ainsi, la frontière qui sépare Dieu de l'espace absolu est apparemment similaire à celle séparant le créateur de sa créature. Mais cette frontière est floue, car si le verbe « émaner » évoque bien un rapport de cause à effet, il n'est pas dit clairement que l'espace est une *création* libre (volontaire) de Dieu. Revenons quelques instants aux *Principia*, afin de montrer clairement comment Newton conçoit Dieu, et surtout repérer quelles sont les conséquences de sa vision de l'être suprême sur sa détermination métaphysique de l'espace (et du temps). Le Dieu de Newton est :

> [...] Dieu vivant, intelligent, & puissant ; [...] il est au-dessus de tout, & entierement parfait. Il est éternel & infini, tout-puissant, & *omni-scient*, c'est-à-dire, qu'il dure depuis l'éternité passée & dans l'éternité à venir, & qu'il est présent partout dans l'espace infini : il régit tout ; & il connoît tout ce qui est & tout ce qui peut être.[90]

Ainsi Dieu n'est pas le créateur de l'espace et du temps, il s'insère dans l'espace et le temps comme la plupart des autres êtres, mais avec un maximum de perfection :

> [...] il n'est pas l'éternité ni l'infinité, mais il est éternel & infini; il n'est pas la durée ni l'espace, mais il dure & il est présent; il dure toujours & il est présent partout ; il est existant toujours & en tout lieu, il constitue l'espace et la durée.[91]

La fin de cette dernière citation est ambiguë, et semble indiquer une certaine dépendance ontologique irréductible de l'espace et du temps vis à vis de Dieu ; en effet, pour Newton, Dieu est la substance même de la réalité, il est comme la structure interne du monde, rien ne

---

[90] Isaac Newton, *Principes mathématiques de la philosophie naturelle*, traduction française de la Marquise du Châtelet, 2 volumes, Paris, 1759, livre III, Scholie général, volume II, p. 175.
[91] *Ibidem*, p. 176.

saurait subsister sans son influence, mais, et c'est là ce qui peu paraître étonnant, Newton refuse de laisser ce Dieu sans figure, sans personnalité, Dieu n'est pas seulement la pièce maîtresse d'un système général et abstrait de l'univers, il est aussi :

> [...] *le Seigneur universel.* Car Dieu est un mot relatif & qui se rapporte à des serviteurs : & l'on doit entendre par divinité la puissance suprême non pas seulement sur des êtres matériels, comme le pensent ceux qui font de Dieu uniquement l'ame du monde, mais sur des êtres pensans qui lui sont soumis.[92]

Ainsi, pour exercer son empire sur les esprits qui dépendent de lui, Dieu doit être :

> [...] présent partout, non seulement *virtuellement*, mais aussi *substantiellement*, car on ne peut agir où l'on n'est pas. Tout est mû & contenu dans lui, mais sans aucune action des autres êtres sur lui. Car Dieu n'eprouve rien par le mouvement des corps : & sa toute-présence ne leur fait sentir aucune résistance, il est évident que le Dieu suprême éxiste partout & toujours.[93]

C'est donc en et par Dieu que nous vivons, Dieu est partout et nous nous mouvons, pour ainsi dire, en lui ou à travers lui. Ainsi, l'espace et le temps, finalement, se confondent avec la substance absolue et infinie de Dieu, ils sont comme des prolongements de sa perfection. Certes, il n'a pas créé à proprement parler l'espace et le temps, qui ne sont pas, vis à vis de lui, des créatures, au sens littéral de ce terme, néanmoins, de lui seul dépend la subsistance de ces deux réalités. Nous voyons donc que la frontière ontologique séparant Dieu de l'espace est ici très subtile, beaucoup plus ténue qu'elle ne l'était dans la métaphysique de Descartes, puisque l'espace n'est pas une création de Dieu, une conséquence directe du libre-arbitre de Dieu, comme cela était le cas dans l'ontologie cartésienne. En

[92] *Ibidem*, p. 175.
[93] *Ibidem*, p. 177.

effet, l'absoluité de l'espace newtonien est corrélative de son indépendance par rapport aux décrets divins.

La conception newtonienne de Dieu étant plus explicite, revenons maintenant au *De Gravitatione*, et plus précisément à la quatrième partie de la définition générale de l'étendue. Ce passage où il est dit que l'espace est « une affection de l'être en tant qu'être » est peut-être moins obscur à la lumière des indications tirées des *Principia*. Être c'est être « quelque part », Dieu est un être, il doit donc être dans l'espace, mais en tant qu'il est un être parfait, absolu et infini, il est partout et remplit l'espace qui finit par ne faire plus qu'un avec lui même. Finalement, se mouvoir dans l'espace est une forme de communion (plus ou moins distincte) avec Dieu. Juste après cette détermination métaphysique de l'espace comme « affection de l'être en tant qu'être », Newton, nous l'avons déjà mentionné, affirme qu'aucun « être n'existe ni ne peut exister sans être rapporté, de quelque manière, à l'espace ». Mais de quel *espace* s'agit-il ? De l'espace absolu, totalement inconnaissable par les sens et dont on ne peut faire l'expérience, ou bien s'agit-il de l'étendue corporelle ? Comment d'ailleurs pourrait-on prouver que *rien* « ne peut exister » en dehors de l'espace ? C'est un problème extrêmement complexe mais dont on ne doit pas ignorer les implications. Qu'un corps soit toujours présent dans l'espace (ou dans un lieu), cela peut être vérifié continuellement par l'expérience, en revanche, il en va différemment de Dieu, et surtout, il est difficile de passer du constat que les objets de notre perception soient toujours disposés dans un certain espace, à cette affirmation que « toute chose qui n'est ni partout ni quelque part n'a pas d'être ». On retombe donc toujours sur la même difficulté, à savoir ce qu'*est* réellement l'espace. Attribuer à ce dernier certaines perfections (comme l'immutabilité, l'infinité, l'immatérialité...) ne saurait suffire à le déterminer, et cette incertitude quant à son essence pose de nombreux problèmes (sur lesquels nous reviendrons dans les pages suivantes). Le temps est aussi une « affection » de Dieu, et l'on peut dire que l'espace et le temps sont :

> [...] des affections ou des attributs de l'être selon lesquels on désigne la quantité d'existence de n'importe quel individu sous le rapport de l'étendue de sa présence et sous le rapport de sa persévérance dans son être.[94]

Ce passage est ambigu, en effet, qui peut poser « la quantité d'existence » de chaque être, sinon nous-mêmes ? Newton semble avoir beaucoup de mal à fonder cette idée d'un espace indépendant de toute forme de perception, ce qui d'ailleurs est normal, car la notion d'*êtres* ou d'*individus* présuppose l'expérience, c'est-à-dire la réalité (ou l'espace) que l'on perçoit par l'entremise de nos sens. Ce n'est pas un hasard si c'est par l'examen philosophique du mouvement des corps que Newton induisit l'existence d'un espace absolu, exprimant par la même occasion la nécessité d'établir une correspondance effective entre l'espace relatif, mobile, dépendant du mouvement des corps sensibles, et cet espace absolu, imperceptible aux sens, uniforme et immobile. Seulement nous avons vu que le lien (d'implication) entre ces deux *espaces*, reposant sur le caractère autonome (absolu) de la rotation des corps n'était pas suffisant pour établir la nécessité de l'existence d'un espace réellement autonome et absolu. De plus, même en admettant que cet espace existe, en deçà ou au delà de celui-là que nous percevons, il est fort difficile de concevoir comment passer de l'un à l'autre, d'autant plus que les deux sont très différents, voire antagonistes.

---

[94] Isaac Newton, *De gravitatione et aequipondio fluidorum (De la gravitation suivi de Du mouvement des corps)*, Paris, Gallimard, 1995, p. 128.

Chapitre 10

Dieu, espace & temporalité

Ténuité des frontières ontologiques

Nous venons de montrer comment Newton, attaché à démontrer l'existence d'un espace « absolu » indépendant des corps et de leurs mouvements, traçait des frontières ontologiques entre ledit espace et les réalités formant à partir de lui le canevas du réel (les corps, les esprits, Dieu, etc.). En traçant ces frontières, de façon plus ou moins claire, Newton espère détacher la physique (entendue comme science) du relativisme de la matière et des corps. Mais le métaphysicien doit aussi déterminer la *nature* des réalités qu'il désigne et manipule dans son système, en effet, dire par exemple que l'espace est une « émanation » de Dieu, et donc tracer par la même une frontière entre les deux réalités désignées, ne suffit pas à clarifier *ce qu'est* Dieu et *ce qu'est* l'espace. Dans la citation donnée en fin du précédent chapitre, Newton essaie de déterminer métaphysiquement la *nature* et la fonction de l'espace (ainsi que celle du temps). Et justement, sur ce point, il semble qu'il y ait une sorte de contradiction implicite : d'une part, Newton considère que l'espace et le temps sont *réellement*, c'est-à-dire *en acte*, « des attributs de l'être », mais d'autre part, il ajoute juste après cela que ces « attributs de l'être » sont ceux « selon lesquels on désigne la quantité d'existence de n'importe quel individu sous le rapport de sa présence et sous le rapport de sa persévérance dans son être. »[95]

Quand Newton dit que l'espace et le temps sont des « attributs de l'être », il fait référence à l'être en tant qu'être, c'est-à-dire Dieu, réaffirmant ainsi le caractère absolu de l'espace et du temps qui se confondent substantiellement avec l'être suprême. Mais lorsqu'il dit à la suite que l'espace et le temps sont aussi des critères permettant de déterminer ce qu'il appelle « la quantité d'existence d'un individu », ne relativise-t-il pas justement l'espace et le temps, n'en fait il pas les instruments d'un certain calcul métaphysique ? Il est vrai que ce passage n'est pas très clair, et difficile à interpréter de façon simple et sûre, en effet, qu'entend Newton par la « quantité d'existence » d'un individu ? Il semblerait que la « quantité » soit en fait une façon de désigner la perfection d'une essence, déterminée selon la durée de son existence, et la place (ou l'importance) qu'elle occupe dans l'espace :

> Ainsi, la quantité de l'existence de Dieu sous le rapport de la durée a été éternelle et sous le rapport de l'espace où il est présent, infinie; quant à la quantité d'existence d'une chose créée selon sa durée, elle a été égale à la durée qui s'est écoulée depuis le début de son existence: et [cette quantité] selon l'amplitude de sa présence, est égale à l'espace qu'elle occupe.[96]

Le formalisme mathématique de ce passage peut surprendre, surtout appliqué à des objets de pensée tels que Dieu ou l'existence, mais il ne faut pas oublier qu'en introduction de cet ouvrage, Newton avait prévenu qu'il souhaiter démontrer, « [...] à la manière des géomètres, chaque proposition » de la science de la gravitation, « [...] en partant de principes abstraits et suffisamment reconnus de quiconque y applique son esprit. »[97]

---

95 *Idem*.

96 *Idem*.

97 *Ibidem*, p. 111.

La rigueur formelle des propositions mathématiques est donc censée manifester le sérieux et la valeur de la définition de l'étendue que Newton tente ici de formuler. Il semble bien que l'espace et le temps, du moins dans ce passage, soient comme des outils permettant de juger de la perfection d'une essence, en effet, Dieu, selon le critère du temps, est une substance éternelle, et selon le critère de l'espace, une substance infinie. La même opération fonctionne avec les créatures, la perfection d'une essence finie dépend de sa durée d'existence et de « l'espace qu'elle occupe ». Mais justement, en tant qu'outils d'une opération de l'esprit, visant à déterminer la « quantité d'existence » des individus, Newton ne risque-t-il pas de faire dépendre l'espace et le temps du fonctionnement même de l'esprit ou de la pensée ? L'étendue (ou l'espace) rapportée à Dieu n'est pas une donnée neutre, en effet, puisqu'elle épouse la forme et la perfection de l'être suprême, elle possède : une « durée éternelle », une « nature immuable », une autonomie radicale vis à vis du corps, l'infinité, et autres perfections que Newton attribue parallèlement au divin. Mais si l'espace est ainsi déterminé, et que rien ne peut exister sans l'espace, ou en dehors de l'espace, cela signifie que rien ne peut exister indépendamment de Dieu, ou plus exactement, que rien ne peut vraiment exister *en dehors* de Dieu. Comment, dès lors, Newton peut-il encore distinguer Dieu et l'espace absolu ? C'est pourtant ce qu'il semble faire lorsqu'il définit « [...] la quantité de l'existence de Dieu [...] sous le rapport de l'espace où il est présent, [...] » comme étant « infinie ».[98]

Pour comprendre ce point, il nous faut revenir quelques lignes auparavant, lorsque Newton avance que :

> [...] l'espace est un effet émanant d'un être qui existe à titre premier, puisque, quel que soit l'être que l'on pose, l'espace est posé par là même.[99]

Nul être ne pourrait exister sans la volonté de Dieu, les corps comme les esprits sont des créations de Dieu, et

[98] *Ibidem*, p. 128.
[99] *Idem*.

par « être qui existe à titre premier », il faut comprendre un être absolument *autonome*, cause de sa propre existence, indivisible, identique à soi même, et sur lequel absolument rien ne peut avoir d'influence :

> Tout est mû & contenu dans lui, mais sans aucune action des autres êtres sur lui. Car Dieu n'eprouve rien par le mouvement des corps : & sa toute-présence ne leur fait sentir aucune résistance, il est évident que le Dieu suprême éxiste nécessairement : & par la même nécessité il existe partout & toujours.[100]

La volonté farouche de ne point confondre l'espace avec le mouvement des corps est d'après nous, la raison (ou l'une des raisons) principale qui contraint Newton à le poser comme absolu. Newton, dès le début du *De Gravitatione*, dénonce l'identification cartésienne du corps et de l'étendue, et l'on peut, certes grossièrement, mais non sans raisons, interpréter les « définitions » de cet ouvrage comme un effort général visant à émanciper l'étendue de toute influence des corps, et donc, à poser celle-ci comme *absolument autonome* (d'où l'idée d'un espace *absolu*). Nous avons expliqué à quel point les attributs spécifiques du divin sont très proches de ceux que Newton accorde à l'espace, et cela se comprend parfaitement si l'on conçoit clairement qu'en l'esprit de Newton, Dieu et l'espace ont ce point commun fondamental de l'*autonomie substantielle*. Dans une telle approche de la spatialité, la perception des corps est ontologiquement privée de valeur intrinsèque, elle n'intervient nullement dans la constitution de l'espace, qui existe indépendamment de celui qui perçoit. Cette dévalorisation de la perception manifeste la volonté newtonienne d'émanciper de l'esprit humain les lois régissant l'univers, afin que ces dernières ne reposent en définitive que sur un espace « immobile », identique à soi de toute éternité. L'autonomie de l'espace est donc bien,

---

100 Isaac Newton, *Principes mathématiques de la philosophie naturelle*, traduction française de la Marquise du Châtelet, 2 volumes, Paris, 1759, livre III, Scholie général, volume II, p. 177.

métaphysiquement, fondatrice de sa nature absolue. Est *autonome* ce qui jouit d'une indépendance totale par rapport à tout ce qui est extérieur à sa propre essence. Dieu, l'espace et le temps partagent, en l'esprit de Newton, cette perfection, et c'est en cela qu'ils sont qualifiés d'absolus :

> Le temps absolu, vrai et mathématique, en lui-même et de sa propre nature, coule uniformément sans relation à rien d'extérieur, et d'un autre nom est appelé Durée, [...] » ; et de même : « L'espace absolu, de par sa nature, et sans relation à quoi que ce soit d'extérieur, demeure toujours semblable et immobile, [...].[101]

[101] Isaac Newton, *op. cit.*, Volume I, p. 10.

Chapitre 11

Frontières de l'espace & de la perception

Newton doit désormais se confronter à une difficulté classique mais majeure de la métaphysique : tracer distinctement la frontière entre ce qui, d'une part, dépend intrinsèquement de la perception du sujet conscient, et ce qui, d'autre part, en est radicalement et ontologiquement indépendant. Il s'agit donc pour Newton d'expliciter les rapports entre l'esprit qui conçoit l'espace « absolu » et cet espace « absolu » lui-même. En effet, pour que cet espace soit « absolu » en acte, il faut impérativement qu'il soit substantiellement indépendant de l'esprit qui se le représente, qu'il soit *plus* qu'une représentation. C'est donc le problème de la *transcendance* de l'espace « absolu » qui doit être traité désormais, il faut que Newton établisse une frontière qui démarque clairement ledit espace de l'esprit qui le conçoit, sous peine de relativiser ce dernier et de n'en faire qu'une arbitraire abstraction. Dans le passage du *De Gravitatione* où Newton affirme que « quel que soit l'être que l'on pose, l'espace est posé par là même », quelque chose nous interpelle : ce n'est pas *un fait* que rien ne puisse exister au-delà de toute forme de spatialité, c'est plus une hypothèse ou même un dogme, car n'est un être que l'*objet* (ou la réalité) que nous pouvons percevoir, ou concevoir, ou imaginer, ou simplement penser, et peut-être effectivement qu'un être entendu de cette façon, c'est-à-dire relativement à la conception (ou perception...) que l'on a de lui, ne peut être posé sans l'espace, mais cela ne suffit pas à conclure que l'espace est une réalité absolue, c'est-à-dire autonome par rapport à l'esprit. Un autre problème semble manifeste dans le passage suivant :

> Dieu est partout, les esprits créés sont quelque part, le corps est dans l'espace qu'il remplit et toute chose qui n'est ni partout ni quelque part, n'a pas d'être.[102]

Comment dissocier le « quelque part » de toute forme de perception, de sensibilité ? D'ailleurs, comment justifier l'emploi de cette expression à ce moment de l'argumentation ? En effet, par cette expression, Newton introduit au sein même de sa définition d'un espace absolu la dimension subjective du jugement, puisque être *quelque part* ne désigne point seulement une position (neutre) déterminée dans l'espace, mais aussi et surtout un *jugement* de celui qui *a conscience* d'*être présent* dans l'espace, quand bien même il ne saurait pas exactement *où*. Seulement, comment, à partir d'un tel jugement, certes, que l'on peut supposer universel, du moins en ce sens que chacun a conscience d'être *quelque part*, mais qui n'en reste pas moins, en tant que jugement, une donnée subjective, peut-on conclure que « toute chose qui n'est ni partout ni quelque part, n'a pas d'être »? Et de même, comment de cela, peut-on conclure qu'aucun « être n'existe ni ne peut exister sans être rapporté, de quelque manière, à l'espace »[103] ?

Cette « intrusion » de la subjectivité dans l'argumentation newtonienne n'est pas un hasard, car, concernant la définition de l'étendue, ou plus généralement de l'espace, Henri More, de qui Newton a beaucoup emprunté, avait lui aussi, contre Descartes (et plus précisément contre l'identification de la matière et de l'étendue défendue par ce dernier), fait usage de cette expression : « quelque part ». En effet, d'après Koyré, qui

---

[102] Isaac Newton, *De gravitatione et aequipondio fluidorum (De la gravitation suivi de Du mouvement des corps)*, Éditions Gallimard, 1995, p. 128.

[103] *Idem* (pour les deux dernières citations).

analyse justement, et de façon remarquable, l'influence de More sur Newton :

> More a, en effet, découvert [...] que, niant l'espace vide et l'extension spirituelle, Descartes exclut pratiquement de ce monde les esprits, les âmes, voire Dieu lui-même ; il ne leur y laisse simplement pas de *place.* A la question fondamentale « où ? » qui peut être posée au sujet de tout être réel (les âmes, les esprits ou Dieu), et à laquelle More croit pouvoir donner des réponses précises (ici, ailleurs ou pour Dieu partout), Descartes est obligé, de par ses principes, de répondre: nulle part, *nullibi.*[104]

Il semble bien que Newton soit dans la continuité de la démarche de More, notamment lorsqu'il spécifie que « les esprits créés sont quelque part », sous-entendant, contre Descartes, qu'ils peuvent s'insérer dans l'espace sans pour autant se confondre avec la matière ou les corps. On pourrait aussi se demander si ce n'est pas en lisant ce passage du *De gravitatione*, que Kant eut l'idée de poser l'espace comme « une forme a priori » de la sensibilité. En tout cas, ce passage de la quatrième partie de la définition de l'étendue, est un terreau propice au développement d'une telle conception de l'espace, tant un rapport entre l'étendue et la subjectivité semble subrepticement se nouer. Cette impression paraît d'ailleurs être confirmée quelques lignes plus loin, toujours dans cette quatrième partie, lorsque Newton précise que « tout être a un mode propre d'être présent aux espaces. »[105] On peut rapprocher ce passage de celui-ci, tiré de la « Critique de la Raison Pure », et dans lequel Kant détermine la nature de l'espace en fonction du caractère apodictique des propositions de la géométrie :

> Comment, maintenant, peut-il y avoir dans l'esprit (Gemüthe) une intuition extérieure qui précède les objets eux-mêmes et dans laquelle le concept de ces derniers peut être déterminé a

---

[104] Alexandre Koyré, *Du monde clos à l'univers infini*, Éditions Gallimard, 1973, p. 172.

[105] Isaac Newton, *De gravitatione et aequipondio fluidorum (De la gravitation suivi de Du mouvement des corps)*, Éditions Gallimard, 1995, p. 129.

priori ? Cela ne peut évidemment arriver qu'autant qu'elle a simplement son siège dans le sujet, comme la propriété formelle qu'a le sujet d'être affecté par des objets (Objecten) et de recevoir par là une représentation immédiate des objets, c'est-à-dire une intuition, et par conséquent comme forme du sens externe en général. Par conséquent notre explication fait seule comprendre la possibilité de la géométrie comme connaissance synthétique a priori.[106]

Lorsque Newton pose que « tout être a un mode propre d'être présent aux espaces », il est normal de se demander si cela n'implique pas que l'espace soit une donnée relative à chaque être ; en effet, peut-être que l'espace n'est qu'un mode (variable selon chaque espèce d'individus ou d'êtres) de se trouver en rapport avec une certaine altérité, et, du point de vue de l'être humain, cela signifierait que l'espace est une « intuition » qui dépend de la subjectivité, puisqu'ayant sa place « dans l'esprit ». Bien entendu, une telle interprétation du texte de Newton est probablement erronée, mais non dénuée d'intérêt, car ouvrant sur des considérations épistémologiques riches et toujours très actuelles, comme nous le verrons par la suite. Notons simplement pour le moment que le caractère absolu de l'espace est à mettre en rapport avec l'usage de cette expression à connotation subjective : « quelque part ».

---

106 Emmanuel Kant, *Critique de la Raison Pure*, Esthétique transcendantale, *de l'espace*, Presses Universitaires de France, 2001, p. 58.

Chapitre 12

Être « quelque part »

Frontières de l'espace & de l'esprit

En effet, Newton déduit du principe que rien ne peut exister sans être *quelque part*, le statut ontologique de l'espace, qui « est une affection de l'être en tant qu'être ». On comprend pourquoi, en étudiant ce passage du *De Gravitatione*, certains furent tentés de réduire l'espace absolu newtonien à une sorte de milieu idéal produit ou construit par l'esprit, comme le feront par exemple, chacun à leur manière, Mach, Höffding et bien entendu, Kant. Pour chacun de ces penseurs, l'espace dit « absolu » ne sera plus cet espace indépendant de tout être, y compris de Dieu et des esprits créés, mais plus simplement « une abstraction » radicalement distincte de nos perceptions, de nos affects et de nos sensations, et correspondante à l'espace mathématique (le concept d'« abstraction » est explicitement utilisé par Höffding dans son *Esquisse d'une psychologie fondée sur l'expérience* »). Quand Newton déclare que « quel que soit l'être que l'on pose, l'espace est posé par la même », il engage, involontairement bien sûr, certains de ses lecteurs à concevoir la possibilité d'une réduction de l'espace à l'activité de l'esprit. C'est exactement la même chose en ce qui concerne l'emploi de l'expression « quelque part », en affirmant que ce qui n'est point quelque part ne peut exister, Newton pose, là aussi involontairement, une relation de dépendance de l'espace vis à vis de l'esprit (ou plus exactement de la conscience), puisque, nous l'avons dit, « être quelque part » est avant tout un jugement, et en tant que tel, l'expression d'un point de vue, (ce que Leibniz ne manquera pas de souligner à de nombreuses reprises). Mais revenons en au texte et voyons, si possible, ce que Newton veut précisément exprimer par cette idée que « tout être a un mode propre d'être présent aux espaces ». Il faut mettre en rapport cette phrase avec une autre que nous avions déjà citée :

> [...] la quantité de l'existence de Dieu sous le rapport de la durée a été éternelle et sous le rapport de l'espace où il est présent, infinie ; quant à la quantité d'existence d'une chose créée selon sa durée, elle a été égale à la durée qui s'est écoulée depuis le début de son existence : et [cette quantité] selon l'amplitude de sa présence, est égale à l'espace qu'elle occupe.[107]

Le rapport d'un être à l'espace (et au temps) est donc proportionnel à la perfection de son essence ; ainsi, du point de vue de l'espace, l'extension de la présence divine est infinie, sans limites, et du point de vue du temps, éternelle. Par contre, l'être créé, a une durée d'existence en partie limitée, car « égale à la durée qui s'est écoulée depuis le début de son existence », (d'ailleurs, sur ce point, Newton ne précise pas si la durée de l'existence d'une créature est amenée à se prolonger infiniment, c'est-à-dire promise à la vie éternelle ou pas) ; de plus, l'être créé, au cours de son existence, est présent dans un espace à la mesure de sa finitude, c'est-à-dire limité. Ce qui ne signifie pas que l'espace est limité en acte, non, l'espace absolu est infini, mais du point de vue de la créature, et proportionnellement à l'essence de celle-ci, qui est finie, il est limité ou restreint. Autrement dit, c'est donc une différence de rapports entre chaque être et l'espace absolu, que cette phrase : « tout être a un mode propre d'être présent aux espaces », voulait

---

107 Isaac Newton, *De gravitatione et aequipondio fluidorum (De la gravitation suivi de Du mouvement des corps)*, Éditions Gallimard, 1995, p. 128.

mettre en avant, et non pas une différence qualitative et substantielle entre différents espaces. Que chaque être ait un rapport spécifique avec l'espace n'implique pas qu'il existe autant d'espaces que d'êtres. Si Newton insiste sur ce point précis, c'est probablement pour éviter qu'on ne l'accuse d'athéisme ou de matérialisme ; en effet, en affirmant que Dieu est présent dans l'espace, certains pourraient en conclure que Dieu est corporel, et divisible en parties comme le serait un corps. Newton avance contre une telle accusation deux principaux arguments, dont l'un fut donné bien plus tôt dans le texte : d'une part, l'espace absolu, nous l'avons expliqué à plusieurs reprises, est immatériel et donc ne peut être divisé en acte, mais seulement virtuellement, et d'autre part, nous venons de le voir, le rapport de Dieu à l'espace est différent de celui de la créature au *même* espace :

> D'ailleurs, pour éviter qu'on imagine à partir de là que Dieu est étendu et fait de parties divisibles comme le corps, il faut savoir que ces espaces eux-mêmes ne sont pas divisibles en acte et que, de plus, tout être a un mode propre d'être présent aux espaces.[108]

Lorsque Newton parle d'« espaces », il fait références aux parties indivisibles, immuables et immobiles de l'espace absolu (dont nous avons mis en évidence précédemment le caractère problématique). Pour achever de convaincre ses lecteurs que Dieu peut être réellement présent dans l'espace tout en étant indivisible, Newton effectue une comparaison entre « l'Esprit » et la « durée » :

> Ainsi, en effet, la relation de la durée à l'espace est bien différente de celle du corps à l'espace. Car, nous n'assignons pas une durée différente aux différentes parties de l'espace, mais nous disons que toutes durent ensemble. Un moment dans cette durée est le même à Rome et à Londres, le même sur la Terre, sur les astres et dans les cieux tout entiers.[109]

---

108 *Ibidem*, pp. 128-129.

109 *Idem*.

Et l'auteur de continuer :

> De même que nous comprenons que chaque moment de durée est répandu à travers les espaces selon une manière qui lui est propre, sans qu'il faille concevoir des parties de durée : de même, il n'est pas plus contradictoire que l'Esprit, selon une manière qui lui est propre, puisse être répandu à travers l'espace sans que l'on conçoive en lui des parties.[110]

Cette conception de la durée peut sembler, du moins dans ce passage, assez confuse ; remarquons tout d'abord que Newton souhaite mettre en avant que la durée (le temps) est indivisible en acte. Il avance aussi l'homogénéité du temps et son indépendance (ou autonomie) vis à vis de l'espace : « Un moment dans cette durée est le même à Rome et à Londres, le même sur la Terre, sur les astres et dans les cieux tout entiers. »[111] La durée est unique et identique à elle-même, et pour cela, indivisible : « Car, nous n'assignons pas une durée différente aux différentes parties de l'espace, mais nous disons que toutes durent ensemble. »[112] Ainsi, comme pour l'espace, le temps est un milieu absolu, non relatif à quoique ce soit d'extérieur à lui-même. Il n'y a donc point de parties du temps, et qu'un corps, par exemple, ait une certaine durée d'existence, (et donc soit présent dans le temps), ne signifie pas que le temps soit divisible en acte, comme le pourrait être ce corps. Ainsi, pareillement à Dieu, le temps est « répandu à travers les espaces selon une manière qui lui est propre ». Nous n'analyserons pas la conception newtonienne du temps, car ce point de sa philosophie n'est pas la priorité de nos recherches, notons simplement que Newton éprouve toujours ce même besoin d'écarter l'espace et le temps du milieu relatif et mobile des corps, ne pouvant se priver de l'immutabilité de ces deux point fixes pour fonder la science de la gravitation.

---

110 *Idem.*

111 *Idem.*

112 *Idem.*

Chapitre 13

Frontières du relatif & de l'absolu

À partir de la considération des mouvements des corps

La cinquième partie de la définition de l'étendue commence ainsi : « Les positions, les distances et les mouvements locaux des corps doivent être rapportés aux parties de l'espace. »[113]

Newton poursuit et renforce sa démonstration de l'existence de l'espace « absolu » en réaffirmant la nécessité d'un tel espace à partir de la considération d'une frontière ontologique déjà évoquée, celle qui sépare les « mouvements relatifs » des « mouvements absolus ». Nous avons déjà expliqué que si l'on en reste à l'espace relatif (empirique, corporel), il devient impossible de déterminer *le mouvement* des corps, car les notions de trajectoire et de vitesse perdent tout sens : si tous les corps se meuvent, la question « d'où est parti le mobile ? » n'a pas de réponse déterminée. Par l'idée d'un effort autonome (*conatus*), que Newton attribue à certains mouvements de rotation, il est possible de tracer une démarcation entre les mouvements apparents et les mouvements réels. Or, pour que cette distinction entre mouvements relatifs et mouvements absolus soit fondée, Newton doit impérativement poser

---

113 *Idem.*

l'existence d'un espace absolu, pouvant soutenir et justifier l'idée même qu'il puisse exister un mouvement absolu (ou *autonome*, dans le sens que nous avons donné de ce terme précédemment). Nous avons vu comment la détermination d'un tel mouvement (notamment par l'idée de l'*autonomie)* contraignait Newton à induire l'existence d'un espace lui même autonome, absolument non relatif à quoi que ce soit d'extérieur à sa propre essence. Dans cette cinquième partie de la définition de l'étendue, Newton pose la dépendance des « positions », des « distances » et des « mouvements locaux des corps » vis-à-vis de l'espace absolu. Par contre, juste avant d'entamer la sixième partie de son argumentation Newton ajoute quelque chose de curieux :

> En outre, on peut ajouter que l'espace ne possède aucune force susceptible d'empêcher ou d'aider ou encore de changer par un moyen quelconque le mouvement des corps. Par suite, les projectiles décrivent des lignes droites d'un mouvement uniforme s'ils ne rencontrent pas d'obstacle extérieur.[114]

Que l'espace ne puisse influer de quelconque façon sur les corps et les mouvements de ces derniers, rien de plus normal, puisque nous le savons, l'espace est immatériel et immobile (et donc non susceptible d'agir directement sur les corps). Par contre, ce qui est très surprenant, c'est que Newton semble déduire de cette *propriété* de l'espace absolu la loi de l'inertie. Galilée postulait que la nature rejette le mouvement rectiligne, parce qu'elle ne saurait faire qu'un corps n'aille nulle part. [115] Newton, lui, semble considérer le problème autrement : puisque l'espace est incorporel, et immobile, il ne peut donc influencer le mouvement d'aucun corps ; c'est pourquoi le projectile, libre de toute liaison mécanique et ne subissant aucune action conserve indéfiniment la même vitesse en grandeur et en direction (y compris au repos). Le seul problème c'est que l'espace absolu *n'est pas* l'espace tel que nous le percevons par

---

[114] *Idem.*

[115] Galilée, *Dialogue sur les deux grands systèmes du monde*, traduction Fréreux et De Gandt, Paris, Seuil, 1992, pp. 55-56.

l'entremise de nos sens, et il semble bien ici qu'il y ait comme une confusion entre *espace relatif* et *espace absolu.* Que l'espace absolu n'ait aucune influence sur les corps, cela ne peut être utile à justifier la loi de l'inertie, puisque ce n'est que dans un *espace relatif*, c'est-à-dire dans cette « étendue des corps » qui « ne se connoît que par les sens »[116], qu'une telle loi peut être appliquée (et démontrée par expérimentation). De l'aveu même de Newton, on « ne peut connoître les qualités des corps que par l'expérience »[117], et c'est donc bien dans un cadre expérimental, c'est-à-dire dans un espace relatif aux sens et bien sûr, aux « mouvements relatifs » des corps, que cette loi prend racine et se voit justifiée :

> Tous les corps que nous connoissons étant mobiles, & doués d'une certaine force (que nous appelons force d'inertie) par laquelle ils persèvérent dans le mouvement ou dans le repos, nous concluons que tous les corps en général ont ces propriétés.[118]

Il est donc surprenant de voir ce lien d'implication, posé par Newton dans *De Gravitatione*, entre espace absolu et force d'inertie. Car que « l'espace ne possède aucune force susceptible d'empêcher ou d'aider ou encore de changer par un moyen quelconque le mouvement des corps » est une vérité métaphysique, *déduite des propriétés attribuées à l'espace absolu* précédemment dans l'ouvrage, telles l'immobilité ou l'incorporéité, plutôt qu'une vérité tirée de l'expérience ; par contre, que « les projectiles décrivent des lignes droites d'un mouvement uniforme s'ils ne rencontrent pas d'obstacle extérieur », s'apparente à l'énoncé d'une vérité tirée de l'expérience, comme d'ailleurs nous le confirment les extraits tirés des *Principia* (voir ci-dessus). Nous reviendrons plus en détail sur ce point,

---

116 Isaac Newton, *Principes mathématiques de la philosophie naturelle*, traduction française de la Marquise du Châtelet, 2 volumes, Paris, 1759, règle III, volume II, pp. 3 et 4.
117 *Idem.*
118 *Idem.*

notamment lorsque nous commenterons et analyserons la définition du corps donnée par Newton dans le *De Gravitatione*. Nous voulons simplement relever pour l'instant ce rapport surprenant que Newton, dans cette cinquième partie de la définition de l'étendue, semble poser entre l'espace absolu et la force d'inertie relative aux mouvements des corps. Ce rapport est d'autant plus étonnant si l'on se souvient de l'importance qu'accorde Newton à l'ubiquité, c'est-à-dire à la nécessité que Dieu soit présent « partout » en même temps. En effet, peut-être que « l'espace ne possède aucune force susceptible d'empêcher ou d'aider ou encore de changer par un moyen quelconque le mouvement des corps », mais Dieu lui peut détenir ce pouvoir, et cela d'autant plus qu'il est présent partout. L'omniprésence divine est, nous l'avons déjà relevé, un moyen sérieux de contester, au sein même du système newtonien, la possibilité d'un mouvement dit « absolu » (dans le sens de ce terme expliqué précédemment) car en effet, tous les mouvements des corps (y compris circulaires ou rotatoires) pourraient en définitive se rapporter à l'action de Dieu. Il est difficile, à ce niveau de l'argumentation newtonienne, de comprendre comment s'articulent espace "relatif" et espace "absolu" : qu'est-ce qu'un corps dans un espace incorporel et par essence imperceptible ? Et comment déduire de l'immatérialité et absoluité de l'espace l'impossibilité que ce dernier puisse influer sur le mouvement des corps ? La déduction implique dans ce cas précis que Newton conçoive, ne serait-ce qu'implicitement, une connexion possible entre ces deux "espaces", mais quel est ce rapport, comment se le représenter ?

Chapitre 14

Entre l'espace absolu & Dieu

Opacité des frontières

Nous revenons dans ce chapitre sur la frontière ontologique séparant l'être suprême, Dieu, et l'espace « absolu ». Nous avons déjà expliqué que cette frontière était extrêmement ténue, et que Newton rejetait l'idée que l'espace puisse être une création de Dieu. Par là-même il renforce la frontière séparant l'espace et les corps, ces derniers, en tant que créatures, étant totalement dépendants du libre-arbitre de Dieu, contrairement à l'espace qui n'est pas le résultat d'un décret divin. La sixième et dernière partie de la définition générale de l'étendue commence par l'affirmation suivante :

> Enfin, l'espace a une durée éternelle et une nature immuable, et ce, parce qu'il est l'effet émanant d'un être éternel et immuable.[119]

Le mot « effet » n'est pas forcément très explicite, et ne permet pas d'établir clairement le statut ontologique de l'espace. L'espace a-t-il été créé par Dieu, ou bien est-il

---

[119] Isaac Newton, *De gravitatione et aequipondio fluidorum (De la gravitation suivi de Du mouvement des corps)*, Éditions Gallimard, 1995, p. 129.

seulement une sorte d'émanation de la puissance divine ? Ni l'un ni l'autre si l'on en croit la suite du texte :

> Si jamais l'espace n'avait pas existé, alors Dieu n'aurait été présent nulle part ; et par conséquent, ou bien il aurait créé ensuite l'espace (lui même n'était pas) ou bien (ce qui ne choque pas moins la raison) il aurait créé sa propre ubiquité.[120]

L'espace, pour Newton, n'est incontestablement pas seulement mathématique (ou géométrique), il y a quelque chose de *plus* dans la pensée du savant britannique, en ce qui concerne la détermination ontologique de l'étendue. Ce quelque chose en plus est manifesté par l'emploi de cette expression « quelque part », que nous avons déjà commentée. Newton, contrairement à Descartes, n'oppose pas radicalement l'esprit (ou l'âme) et l'espace, l'un étant nécessaire à l'autre : en effet, nulle âme ne saurait subsister, ni même advenir à l'existence sans l'espace, c'est-à-dire sans qu'elle ne se trouve en même temps « quelque part ». Notons d'ailleurs, en conséquence indirecte de cela, qu'il devient possible, dans cet espace newtonien, que soient réellement présents des esprits ou des forces invisibles, c'est-à-dire des êtres que nous ne pouvons pas saisir par l'entremise de nos sens, mais existant pourtant bel et bien. Une telle conséquence concerne au plus haut point la science, en effet, comment s'assurer que ce que nous interprétons parfois comme étant des énergies, ou des forces relativement autonomes, ne sont pas en réalité les effets de quelque action surnaturelle ? La question peut paraître grotesque, et pourtant, l'espace tel que Newton le détermine dans le *De Gravitatione,* est bel et bien un *milieu* dans lequel se meuvent aussi bien des corps que des esprits, et aussi, bien entendu, « l'être en tant qu'être », c'est-à-dire Dieu. Mais tout cela nous ramène toujours au même point : qu'est-ce que l'espace ? Ce n'est pas un corps, ce n'est pas une substance, ce n'est pas même un être, mais ce n'est pas non plus un vide absolu, puisqu'il faut bien que nous

---

[120] *Idem.*

soyons « quelque part », c'est-à-dire dans *quelque chose*. Le problème est vertigineux, et ce n'est pas un hasard, ou un caprice de métaphysicien, si Newton insiste pratiquement dans toutes les parties de son chapitre « [Définition de l'étendue] », sur les rapports entre l'espace et Dieu. C'est qu'il a bien compris l'enjeu : si nous ne parvenons pas, de façon rigoureuse, à fonder la possibilité d'un espace indépendant, relatif à rien d'autre que lui-même, il ne sera jamais possible, autrement qu'arbitrairement, de fonder les équations, les axiomes, les théories et plus globalement tout type d'énoncé voulant exprimer rationnellement et de manière adéquate la *nature* des réalités empiriques étudiées. Newton refuse, implicitement, que la portée des énoncés de la science ne soit que locale, il faut, du moins en ce qui concerne la détermination des mouvements des corps, que celle-ci puisse accéder à des vérités absolues, d'où l'opposition des « mouvemens vrais » et des « mouvemens apparens », identique à celle-là : « mouvements absolus » et « mouvements relatifs ». Nous avons vu comment Newton en arrivait à poser un espace absolu, revenons rapidement sur ce point, afin de comprendre la nécessité, pour Newton, de rapprocher l'espace et la puissance absolue divine : « Le mouvement absolu est la translation des corps d'un lieu absolu dans un autre lieu absolu, & le mouvement relatif est la translation d'un lieu relatif dans un autre lieu relatif ; » et ce qui suit cette affirmation n'est rien de plus que la démonstration visant à prouver la nécessité de poser l'existence d'un espace absolu :

> [...] ainsi dans un vaisseau poussé par le vent, le lieu relatif d'un corps est la partie du vaisseau dans laquelle ce corps se trouve, ou l'espace qu'il occupe dans la cavité du vaisseau ; & le repos relatif de ce corps est la permanence dans la même partie de la cavité du vaisseau. Mais le repos vrai du corps est sa permanence dans la partie de l'espace immobile, où l'on suppose que se meut le vaisseau & tout ce qu'il contient. Ainsi, si la terre étoit en repos, le corps qui est dans un repos relatif dans le vaisseau auroit un mouvement vrai et absolu, dont la vitesse seroit égale à celle qui emporte le vaisseau sur la surface de la terre ; mais la terre se mouvant dans l'espace,

> le mouvement vrai et absolu de ce corps est composé du mouvement vrai de la terre dans l'espace immobile, & du mouvement relatif du vaisseau sur la surface de la terre; & si le corps avoit un mouvement relatif dans le vaisseau, son mouvement vrai & absolu seroit composé de son mouvement relatif dans le vaisseau, du mouvement relatif du vaisseau sur la terre, & du mouvement vrai de la terre dans l'espace absolu.[121]

Finalement, poser un espace absolu permet d'éviter une *régression à l'infini* : pour déterminer le mouvement d'un corps, nous passons de lieux en lieux et cela indéfiniment jusqu'à ce que l'on tombe sur un lieu immobile, absolument non-relativisable, et qui, parce qu'il existe, permet de rapporter tous les mouvements relatifs à des mouvements absolus. Newton, à celui qui considère que l'univers se meut, aurait certainement demandé *où est-ce qu'il se meut* ? Dans l'esprit de Newton, ce qui se meut doit se mouvoir à travers quelque chose, dans quelque chose, où comme il le dit lui même, « quelque part » ; l'espace ne se confond donc pas avec l'univers, l'espace est plutôt la référence ultime (avec le temps) de toutes nos représentations, y compris celles que nous avons de l'univers et de Dieu. Newton a conscience de l'infini diversité des corps, de la difficulté de connaître avec certitude quelle est cette *matière* qui les compose, et ne peut se résoudre à réduire la science à la seule étude de ces derniers, car cela risquerait d'entraîner ceux qui s'y emploient dans un relativisme sans fin. D'où l'importance des mathématiques, et du postulat de l'espace absolu, qui permet seul, du moins d'après Newton, de fonder la possibilité d'une science chargée de fixer *tous* les mouvements « véritables ».

---

121 Isaac Newton, *Principes mathématiques de la philosophie naturelle*, traduction française de la Marquise du Châtelet, 2 volumes, Paris, 1759, volume I, pp. 9 et 10.

Chapitre 15

L'espace absolu comme Représentation

Ce chapitre revient sur la problématique évoquée dans le chapitre XII, à savoir le rapport entre le sujet (plus précisément le sujet humain) et l'espace absolu, la dépendance de l'un vis-à-vis de l'autre. Il s'agit de savoir si l'espace « absolu » est *plus* qu'une représentation, autrement dit s'il existe indépendamment du sujet qui le conçoit. Nous avons expliqué précédemment que l'espace absolu était en quelque sorte, avec le temps, le point fixe, ou référent immobile, autour duquel tournent, s'articulent et reposent en définitive nos représentations ; et c'est justement là, peut-être, que la véritable nature de cet espace est la plus manifeste : l'espace newtonien ne serait lui-même qu'une *représentation.* En effet, déjà précédemment, dans la quatrième partie de ce chapitre, nous avions relevé cette idée que « quel que soit l'être que l'on pose, l'espace est posé par là même ». Il semble que par « être », il faille entendre ici l'objet d'une représentation, ce qui est d'autant plus évident dans le cas de Dieu. C'est important car cela signifie, si l'on reste fidèle à Newton, que tout objet de représentation implique l'espace, quand bien même cet objet en question ne renverrait pas à quelque chose de réel, ou du moins d'identifiable (ou de *présent*) dans une expérience dite « empirique ». Par exemple, un atome, que ce concept désigne *quelque chose* de réel ou non, doit nécessairement impliquer un espace (ou « un lieu »), qui, nous venons de le voir, est toujours relatif à l'espace absolu. Mais si l'espace et le temps sont définis comme référents ultimes, et nécessaires, de la majorité de nos représentations, le risque de faire dépendre justement cet espace et ce temps (« absolus ») de l'esprit, ou même, de l'activité de la conscience, est évidemment très grand. Car, en définitive, la détermination des mouvements et leur distinction en mouvements relatifs et absolus, ne saurait avoir aucun sens dans un état d'inconscience, il va de soi que la nécessité de poser un espace absolu s'intègre dans un processus intellectuel, réflexif, rationnel et scientifique, (et par conséquent propre à cet état de veille que l'on qualifie de *conscience*), visant à réduire le phénomène complexe du mouvement des corps à l'intelligibilité de lois et d'équations justifiées et rigoureusement démontrées. La seule façon d'échapper à ce relativisme de la conscience, qui risquerait de rendre l'espace et le temps dépendants de conditions subjectives plus ou moins aléatoires (et surtout quasiment impossible à déterminer), est tout d'abord, évidemment, d'opposer ontologiquement l'espace et le corps, mais aussi, même si Newton ne le dit pas explicitement, de rapprocher (notamment par l'attribution de qualités communes) l'espace et Dieu, comme le confirme le début de cette sixième et dernière partie du chapitre consacré à la définition de l'étendue :

> [...] l'espace a une durée éternelle et une nature immuable, et ce, parce qu'il est l'effet émanant d'un être éternel et immuable.[122]

Cette insistance newtonienne sur les rapports entre l'espace et Dieu, n'est donc pas une lubie de métaphysicien, Newton refuse de façon très marquée, et si profonde que cela se retrouve dans pratiquement tout ce chapitre, de pratiquer une science indépendamment de la détermination rigoureuse et définitive du *milieu général* dans lequel celle-ci

---

[122] Isaac Newton, *De gravitatione et aequipondio fluidorum (De la gravitation suivi de Du mouvement des corps),* Paris, Gallimard, 1995, p. 129.

devra traiter certains types de phénomènes. Par *milieu général*, nous entendons l'espace, car c'est bien de cela qu'il s'agit ici ; hors de question, pour Newton, de laisser la détermination de l'espace dépendante de la fluctuation des expériences empiriques et des découvertes de la science, l'espace ne doit pas être quelque chose *à venir*, c'est-à-dire quelque chose qui finirait, au bout de plusieurs siècles de recherches, par être enfin *donné* (dans un énoncé, une expérimentation, une théorie ou une équation etc.,), bien au contraire, l'espace est et a toujours été : indépendamment de l'espace, nous ne saurions pas même concevoir que nous puissions exister. Notons que cette démarche est aussi valable *localement*, c'est-à-dire que Newton ne peut concevoir la science étudiant certains phénomènes en dehors d'un certain milieu, ou, dans ses propres termes, en dehors d'un « lieu » spécifique. Ce qui signifie, par exemple, que des individus ayant conçu un accélérateur de particules élémentaires, et qui, à l'aide de repères visuelles sur des écrans d'ordinateurs, interprètent certains comportements de la *matière*, se situent toujours dans un « lieu » répondant à leurs attentes, c'est-à-dire en partie déterminé pour isoler certains corps ou corpuscules précis, dont l'analyse et la manipulation permettra peut-être de répondre à des prévisions établies. Autrement dit, nulle expérience, aussi complexe soit-elle, n'est ou ne peut être en dehors d'un certain espace, d'un certain milieu. Or, un tel milieu, ou « lieu » local, étant toujours relatif à un autre « lieu » qui l'englobe, ou dont il dépend, il devient impossible à démontrer, sans le repère immuable d'un espace absolu, que les mouvements de certains corps étudiés ne sont pas en réalité dépendants et relatifs à des mouvements d'autres corps que nous ne pouvons pas observer, car se situant dans des lieux inaccessibles à nos sens (ou imperceptibles). Cela est encore plus évident, et plus frappant, si l'on se souvient que Newton se représente l'espace comme étant « infini ». Nous verrons très bientôt, dans l'analyse et le commentaire de la définition newtonienne du corps, que le savant britannique, en raison de la relativité de nos jugements par rapport aux divers « lieux » dont ils dépendent, considère que la *matière* est impossible à définir de façon certaine. Mais nous avons eu l'occasion, au cours de cette analyse de la première grande partie du *De Gravitatione* : « [Définition de l'étendue] », de nous rendre compte à quel point Newton avait du mal à clairement définir l'espace, à pouvoir poser de façon claire et rigoureuse *ce qu'il est.* Nous comprenons mieux pourquoi Newton avait tant besoin de poser l'existence d'un espace absolu, mais nous avons du mal à nous représenter cet espace. La sixième partie de la définition de l'étendue nous fournit quelques informations précieuses. D'une part, la nature de l'espace est démontrée par sa dépendance ontologique vis à vis de Dieu : Dieu est l'Être non-relatif par excellence, et il était important, pour les raisons développées plus haut, que Newton fonde le caractère absolu (non-relatif) de l'espace en attribuant à celui-ci les qualités fondamentales que l'on attribue généralement au divin, comme la « durée éternelle et une nature immuable »[123]. D'autre part, en affirmant que sans l'espace, « Dieu n'aurait été présent nulle part », Newton absolutise non seulement l'espace, mais il fait beaucoup plus : il donne à cette impression proprement subjective selon laquelle nous avons l'impression (à juste titre ou pas) de nous trouver *quelque part*, un statut très particulier, celui d'un critère de discrimination entre ce qui existe et ce qui n'existe pas (ou ne peut exister) : « [...] toute chose qui n'est ni partout ni quelque part n'a pas d'être. »[124].

D'ailleurs, si l'on examine très précisément les termes employés, Newton ne dit pas seulement qu'une chose ne se trouvant point dans l'espace n'existe pas, il dit très exactement qu'elle « n'a pas d'être », autrement dit, cet énoncé selon lequel « toute chose qui n'est ni partout ni quelque part n'a pas d'être » ne s'applique point seulement aux existences, mais aussi aux essences, ou plus précisément, aux êtres. Ce passage de la métaphysique newtonienne est capital : l'espace n'est pas seulement un

---

123 *Idem.*

124 *Ibidem*, p. 128.

milieu général, immuable, immatériel et infini au sein duquel se meuvent des corps, des forces, des âmes etc., c'est un attribut fondamental, irréductible et nécessaire de l'être, autrement dit, ce qui *est* n'*est* qu'en tant qu'il est *dans* l'espace : « [...] quel que soit l'être que l'on pose, l'espace est posé par là même »[125].

Ainsi, nous n'avions peut-être pas tort d'avancer que l'espace newtonien est avant tout une *représentation*, en effet, par « chose », dans l'avant dernière citation rendue ci-dessus, il ne faut pas comprendre seulement le corps perçu dans l'expérience empirique, il faut aussi ajouter l'être mathématique (ou géométrique), et plus généralement, l'être virtuel (c'est-à-dire une idée, ou une conception) ; par exemple, si l'on se représente un objet que nous ne percevons pas directement par l'entremise de nos sens, mais seulement par l'imagination, cet objet, en tant qu'il est quelque chose plutôt que rien, implique nécessairement qu'il soit quelque part, dans un certain espace, espace que l'on qualifiera de *virtuel* ou de *possible* (*en puissance*). Newton, nous l'avons vu dans l'analyse de la seconde partie de la définition de l'étendue[126], considère qu'un triangle, ou n'importe quel autre objet mathématique, *est* quelque chose avant d'exister en acte, ce qui d'ailleurs est logique, car comment ce qui n'est *rien* pourrait-il prétendre à l'existence ou déjà exister ? Rappelons-nous comment Newton démontre que l'espace est infini en acte, et non point seulement en puissance.[127] Nous avions relevé lors du commentaire de ce passage le problème suivant : comment concevoir que le « point de concours » imaginaire est bel et bien *en acte*, et que les côtés dont on ne peut concrètement prolonger infiniment le tracé sont eux aussi *en acte* ? Ce problème en pose un autre, plus fondamental : comment distinguer de façon certaine, lorsque l'on traite de l'infinité d'une droite, par exemple, mais aussi de l'espace en général, ce qui dépend de l'imagination et ce qui dépend de

---

125 *Idem*, p. 128.
126 *Ibidem*, pp. 125-127.
127 *Idem*.

l'observation ? Ce problème refait plus que jamais surface ici, en effet, si ce qui *est* (et quelle que soit la façon dont *ce qui est* se manifeste à nous) doit se trouver toujours *quelque part* (l'espace étant un irréductible attribut de l'être), la question de savoir ce que *sont* les espaces où nous croyons nous trouver lorsque nous rêvons prend alors tout son sens. De même, si les objets que nous percevons au cours de nos rêves sont incontestablement *quelque part* (comme nous-mêmes d'ailleurs), cela signifie-t-il obligatoirement que ces objets *existent* ou *soient* quelque chose ? Qu'ils soient quelque chose, certainement, mais quoi ? Comment distinguer un corps réel (ou prétendument *réel*) d'un corps aperçu au cours d'un songe ? Nous verrons très bientôt que Newton, notamment en remettant en avant la notion d'« impénétrabilité » (que Descartes ne considérait pas comme un attribut primordial du corps), a développé et défendu une conception de la corporéité particulièrement subtile et féconde, qui pourrait nous aider à répondre à cette question. Pour l'instant, notons simplement qu'à ce niveau de l'argumentation newtonienne, il ne nous est toujours pas possible de poser avec certitude ce qu'*est* l'espace, et plus grave encore, ce que sont les êtres divers qui s'y manifestent, ou *peuvent* s'y manifester. Puisque rien ne peut *exister* ou *être* indépendamment d'un certain « lieu » qui se rapporte toujours à l'espace absolu, il est tentant d'avancer à ce stade de la réflexion, qu'absolument tout ce que l'on peut concevoir (par exemple Dieu, un atome, un quark, etc.,), percevoir (tout objet de l'expérience empirique), imaginer (par exemple une figure géométrique) ou simplement penser, peut être dit se trouver « de quelque manière » dans l'espace. Ainsi, tout *objet* possédant une certaine singularité (ou forme), une certaine identité ou substance nous permettant de juger qu'il est un être (en acte ou en puissance), qu'il soit présent dans l'imagination, l'entendement ou l'expérience, doit se trouver nécessairement présent dans l'espace : « [...] tout être a un mode propre d'être présent aux espaces. »[128].

[128] *Ibidem*, p. 129.

En avançant cela, nous nous demandons si l'espace newtonien n'est en fait pas un système général de nos représentations, c'est-à-dire un ensemble où des éléments (des représentations) dépendant réciproquement les uns des autres forment un tout organisé. Peut-être, par exemple, que l'important n'est pas que nous puissions percevoir un atome dans l'espace empirique, mais plutôt que la notion d'atome s'intègre de façon rigoureuse et logique dans un *ensemble* qui lui confère un sens en même temps qu'une place spécifique par rapport à d'autres éléments (d'autres notions) qui l'impliquent ; et cet ensemble ou ce tout ne serait rien d'autre que ce que l'on désigne par le concept d'espace (ainsi serait justifiée cette idée que l'espace de Newton est une représentation). Ce n'est qu'une hypothèse, pourtant, il nous semble normal, à la lecture du texte, de la formuler en ces termes, tant la configuration newtonienne de l'espace semble, à certains moments, désincarnée, sans rapport aucun avec l'expérience :

> De plus, bien que peut-être nous puissions imaginer qu'il n'y ait rien dans l'espace, nous ne pouvons cependant pas penser que l'espace n'existe pas ; de même, nous ne pouvons pas penser que la durée n'existe pas même s'il était possible de concevoir qu'absolument rien ne dure.[129]

Il ressort vraiment de cet extrait que l'espace est une représentation, une conception, ce qui d'ailleurs est tout à fait logique, puisque l'espace est d'après Newton incorporel et totalement inaccessible aux sens. Souvenons nous néanmoins que la démonstration newtonienne de l'infinité de l'espace repose en partie sur l'imagination, faculté qui implique une certaine activité des sens, ou en tout cas, nous oblige à *percevoir* quelque chose :

> L'espace s'étend à l'infini de tous côtés. En effet, nous ne pouvons pas imaginer de limite quelque part sans penser en même temps qu'il y a un espace au-delà.[130]

---

129 *Idem.*

130 *Ibidem*, p. 125.

Ce rôle de l'imagination est encore plus flagrant dans l'exemple de la projection stéréographique en dimension deux qu'il donne dans la seconde partie de la « [Définition de l'étendue] » et que nous avons déjà longuement commenté. La difficulté majeure pour Newton est de dire *ce qu'est* l'espace, de le qualifier, de le déterminer clairement, et cela provient, d'après nous, de cette volonté qu'il manifeste aussi bien dans le *De Gravitatione* que dans les *Principia*, de soustraire de toute influence des corps les réalités de l'espace et du temps, s'obligeant par là même à désincarner l'espace, à priver ce dernier de tout attribut sensible, ce qui ne peut qu'entraîner des complications, notamment lorsqu'il s'agit de fonder à partir d'un tel espace une science (empirique) du mouvement des corps. Mais c'est bien dans cette démarche qu'il faut comprendre cette affirmation que « bien que peut-être nous puissions imaginer qu'il n'y ait rien dans l'espace, nous ne pouvons cependant pas penser que l'espace n'existe pas ; ». Mais qu'est qu'un espace totalement dénué de corps ? Cela s'apparente à du vide, mais un vide très particulier en ce sens qu'il *est* bel et bien *quelque chose* : « Même si l'espace est vide de corps, il n'est cependant pas vide de lui même. »[131].

[131] *Ibidem*, p. 130.

Chapitre 16

Frontières du vide et de l'étendue

Réhabilitation du concept de « vide »

Dans ce chapitre, nous allons analyser comment Newton réintroduit le concept de « vide » dans son système métaphysique, et la fonction que ce concept occupe dans le projet du savant britannique de tracer entre l'espace et les corps une frontière ontologique infranchissable. En outre, nous comprendrons que la réhabilitation de la notion de « vide » permet à Newton de transcender les limites de la physique mécaniste cartésienne en justifiant métaphysiquement la pertinence de la loi de la gravitation. Mais avant d'approfondir cette idée d'un espace *vide* de corps dans la métaphysique newtonienne, nous souhaiterions faire un très bref détour par la philosophie de Bergson ; ce dernier, dans la continuité du rejet cartésien de l'idée de « vide »[132], rend compte de ce qu'il estime être

[132] « [...] il ne peut y avoir aucun vide au sens que les philosophes prennent ce mot [...], à savoir, un espace où il n'y a point de substance, et il est évident qu'il n'y a point d'espace en l'univers qui soit tel, parce que l'extension de l'espace ou du lieu intérieur n'est point différente de l'extension du corps. Et comme, de cela seul qu'un corps est étendu en longueur, largeur et profondeur, nous avons raison de conclure qu'il est une substance, à cause que nous concevons qu'il n'est pas possible que ce qui n'est rien ait de l'extension, nous devons conclure de même de

l'origine d'une telle conception. D'après lui, l'idée de vide est tout simplement l'idée d'une présence qui ne nous intéresse pas. Par exemple : j'entre dans une pièce, je dis : il n'y a *rien.* En réalité, il y a quelque chose : plancher, murs, etc., mais il n'y a pas ce que j'étais venu chercher, (meubles ou quoi que ce soit d'autre). Ainsi, ce mot, « rien », n'a selon Bergson, « [...] aucune signification. » En effet, ce mot :

> [...] désigne l'absence de ce que nous cherchons, de ce que nous désirons, de ce que nous attendons. A supposer, en effet, que l'expérience nous présentât jamais un vide absolu, il serait limité, aurait des contours, il serait donc encore quelque chose. Mais en réalité il n'y a pas de vide. Nous ne percevons et même ne concevons que du plein.[133]

Si nous reprenons l'idée de Bergson, en déformant un peu ses propos, nous pouvons suggérer que la conception d'un espace vide, et absolu, trouve son origine dans l'ignorance de la complexe interdépendance des corps, des forces, des énergies etc., qui constituent l'univers. Explicitons cette idée en formulant l'hypothèse suivante : il ne sera jamais possible de rendre intelligible la structure intégrale de l'univers, surtout si son extension est infinie, et l'analyse, aussi complexe soit-elle, des corps, des forces et de tout autre type d'éléments dans l'espace ne débouchera jamais sur autre chose que des interprétations possédant une efficacité locale et temporaire; en effet, expérimenter et interpréter suppose une attention particulière fixée sur quelque chose dans un espace restreint, dans un « lieu » déterminé. Ce qui signifie que l'objet ou les objets étudiés peuvent justement être étudiés parce qu'ils sont relativement isolés (séparés) d'une infinité d'autres objets,

---

l'espace qu'on suppose vide : à savoir que puisqu'il y a en lui de l'extension, il y a nécessairement de la substance. » René Descartes, *Les Principes de la Philosophie*, Seconde partie, in Œuvres philosophiques, Tome III, 1643-1650, Édition de Ferdinand Alquié, Classiques Garnier, Bordas, Paris, 1989, § 16, pp. 161-162.

133 Henri Bergson, *La Pensée et le Mouvant*, PUF, 1ère édition : 1938, 14ème édition « Quadrige » : 1999, Chapitre III, p. 106.

éléments ou facteurs (ignorés) qui possèdent une influence réelle et continue (mais méconnue) sur eux. Il faudrait donc à chaque fois passer de milieux en milieux, de « lieux » en « lieux », et cela indéfiniment, pour espérer saisir la véritable place de chaque élément étudié dans la supposée « structure » de l'univers, ce qui malheureusement n'est pas possible. Par conséquent, l'idée même que l'espace ait une structure est condamnée au statut d'hypothèse, de vérité indémontrable. Newton refuse évidemment d'en rester à un tel espace relatif au mouvement des corps, et l'espace absolu, dans ce cas précis, peut être interprété comme un *outil* permettant de donner aux investigations scientifiques une base réelle, une structure immuable, qui garantisse que les recherches et les interprétations dépendantes d'expérimentations *nécessairement* locales ne soient pas vaines ; rappelons que la distinction newtonienne entre mouvement « vrai » et mouvement « relatif » n'a de sens que si l'existence d'un espace absolu n'est pas contestée :

> Le mouvement vrai circulaire de tout corps qui tourne est unique, & il répond à un seul effort qui est sa mesure naturelle & exacte ; mais les mouvements relatifs sont variés à l'infini, selon toutes les relations aux corps extérieurs ; & tous ces mouvements, qui ne sont que des relations, n'ont aucun effet réel, qu'en tant qu'ils participent du mouvement vrai & unique.[134]

Ainsi, en extrapolant l'idée de Bergson, peut-être que la conception d'un espace absolu se fonde sur les deux points suivants : d'une part, on adhère dogmatiquement à l'idée que l'espace doit être *structuré*, c'est-à-dire, répondre, dans son être même, à une certaine logique que l'esprit peut retrouver et formuler (rien n'est plus logique et rationnelle que la démonstration newtonienne de la nature de l'espace). D'autre part, on *ignore* de nombreux facteurs qui influent et conditionnent l'objet ou les objets que nous croyons avoir

---

134 Isaac Newton, *Principes mathématiques de la philosophie naturelle*, traduction française de la Marquise du Châtelet, 2 volumes, Paris, 1759, volume I, p. 14.

isolés du reste de l'univers lorsque nous les étudions, et c'est cette ignorance (inéluctable car nécessaire) d'une infinité d'éléments composant l'univers et que nous ne pouvons pas connaître ni même percevoir qui provoquerait cette idée d'un espace autonome, non-relatif, ou encore « vide » : nous penserions l'espace comme étant en quelque sorte un « vide » où se situent des corps simplement parce que nous ignorons *de quoi* est composé ce soi-disant « vide ». Pour le dire autrement : on postule l'existence d'une structure (en l'occurrence l'espace) en deçà des éléments (corps, forces, données des sens, etc.,) par lesquels celle-ci se manifeste, et l'on essaie, par l'analyse et la manipulation de ces éléments en question, de retrouver et d'exprimer, rationnellement, dans un langage essentiellement mathématique, ladite structure ; mais n'y parvenant jamais de façon définitive, on se résout à poser que cette prétendue structure est indépendante des éléments, dont pourtant elle semble indéniablement procéder, et par cet acte, on absolutise la structure, on la délivre du *relativisme* des éléments. C'est à partir de ce moment qu'il devient possible d'avancer que l'espace (la structure) peut être « vide » de tout élément, et malgré tout subsister comme structure. Ce n'est qu'une hypothèse quant à l'origine de l'idée d'un espace absolu, mais elle nous semble intéressante, surtout justement lorsque cet espace absolu se rapproche, dans l'argumentation newtonienne, d'un espace « vide ». Et cette idée du vide, nous l'avions déjà fait remarqué, est très importante dans la conception newtonienne de l'espace, car si Newton admet bien l'existence d'un « éther » qui remplit l'espace de notre monde, il considère néanmoins que cet « éther » est limité dans son extension, puisqu'il ne remplit pas la totalité de l'espace physique, et ne s'étend donc pas à l'infini : « [...] les espaces célestes sont dénués de toute résistance... ».[135]

Si les espaces situés au-delà de notre monde sont, d'après Newton, « dénués de toute résistance », c'est qu'il

[135] Isaac Newton, *op. cit.*, livre III, Le Système du monde, prop. V, théorème VI, scholie, cor. III, p. 21.

les conçoit comme étant vides, c'est-à-dire dépourvus de matière, un espace pourvu de matière et n'offrant aucune résistance étant inconcevable. L'espace newtonien est donc bien pourvu de « lieux » vides, c'est-à-dire de milieux dépourvus de tout corps et de matière. Nous verrons plus en détail, dans le chapitre du *De Gravitatione* consacré à la définition du corps, les conséquences de ce postulat de l'existence du vide. Nous voulions simplement, à partir d'une rapide allusion à Bergson, nous demander s'il était possible de rendre compte autrement que métaphysiquement, par une approche plus psychologique, ou phénoménologique, de l'origine d'une telle conception, à savoir celle d'un espace vide indépendant des corps et de la matière. Poursuivons et terminons notre analyse de la définition de l'étendue donnée par Newton dans le *De Gravitatione.* Nous en sommes à la dernière partie de cette définition, la sixième, et Newton réaffirme de façon radicale l'autonomie de l'espace vis à vis des corps, de la *matière* et du monde :

> Même si l'espace est vide de corps, il n'est cependant pas vide de lui-même. Il y a quelque chose, parce qu'il y a des espaces et même s'il n'y a rien d'autre. [136]

Et l'auteur de continuer :

> Bien plus, il faut reconnaître que les espaces ne sont pas plus espaces là où le monde existe que lorsqu'il n'est pas, à moins peut-être de dire que Dieu, en créant le monde dans notre espace, a en même temps créé l'espace en soi ou qu'en annihilant ensuite le monde dans ces espaces, il annihilerait aussi les espaces en eux-mêmes.[137]

[136] Isaac Newton, *De gravitatione et aequipondio fluidorum (De la gravitation suivi de Du mouvement des corps)*, Éditions Gallimard, 1995, p. 130.
[137] *Idem.*

Et l'auteur de conclure :

> C'est pourquoi, tout ce qui a plus de réalité dans un espace que dans un autre, appartient à un corps et non à l'espace ; de même cela sera plus clairement évident si l'on abandonne le préjugé puéril et issu de l'enfance selon lequel l'étendue est inhérente au corps comme un accident dans un sujet sans lequel il ne peut pas exister véritablement.[138]

La dernière phrase de ce passage, qui est aussi la dernière phrase du chapitre, est une critique de Descartes, l'hypothèse de l'identification du corps et de l'étendue défendue par ce dernier étant qualifiée ici « de préjugé puéril ». Newton fait aussi une allusion intéressante à l'enfance, en sous-entendant que la confusion entre l'étendue et le corps a peut-être une explication psychologique, dont il ne donne pas plus de détail mais qui mériterait sans doute d'être approfondie. Ce qui est important ici, c'est la notion de « réalité ». Il est dit que « tout ce qui a plus de réalité dans un espace que dans un autre, appartient à un corps et non à l'espace » ; L'espace n'a donc pas de réalité distincte, ou plus exactement, il n'a point de degrés de réalité distincts, d'où le rapprochement précédent que nous avions relevé entre l'espace et le « vide ». L'espace n'est pas susceptible d'accroissement ou de diminution, et, par conséquent, aussi bien d'un point de vue qualitatif que quantitatif, n'étant ni une âme, ni Dieu, ni une énergie ou une force, et encore moins un corps, nous pouvons sans risque de nous tromper dire qu'il est un *vide*, même si, paradoxalement, il n'est pas *rien*. La détermination d'un tel espace n'est décidément pas évidente, mais peut-être qu'en analysant la conception newtonienne du corps, et donc des rapports entre le corps et l'étendue, arriverons nous à mieux cerner l'essence de cet « espace absolu ».

---

[138] *Idem.*

Chapitre 17

De la perception des corps

Qu'est-ce qu'un corps ?
Indétermination du concept de « matière »

Le second grand chapitre du *De Gravitatione* : « [Définition du corps] » débute ainsi : « L'étendue étant décrite, il reste par ailleurs à expliquer la nature corporelle. »[139] C'est dans ce chapitre, après avoir rendu compte des attributs essentiels de l'espace « absolu », que Newton entreprend de tracer une frontière ontologique irréductible entre ledit espace et les corps, rompant ainsi de façon définitive avec la métaphysique cartésienne des corps et de l'étendue. Admettons avec Newton que l'espace ne se confonde point avec les corps, qu'il soit donc immatériel et immuable, il n'en reste pas moins que nous *percevons* des corps, et que ces derniers se situent dans cet espace, et nous allons voir que Newton, pas plus que Descartes, ne parvient à véritablement définir ce qu'est le corps, et surtout, qu'à partir de sa conception de la corporéité, nous ne parvenons pas mieux qu'avec celle de Descartes, à distinguer ontologiquement le corps tel qu'il se manifeste à nous lors d'un rêve, du corps tel que nous le percevons à l'état de

139 *Idem.*

veille. L'enjeu d'une telle distinction est le suivant : si nous ne parvenons pas à démontrer de façon certaine, indubitable, ce qui différencie les objets que nous percevons dans nos rêves de ceux que nous percevons lorsque nous sommes éveillés, il devient impossible de fonder l'idée même de réalité ; or, l'idée de réalité n'étant point concevable, du moins d'après Newton, sans l'idée d'espace, il est évident que la définition du corps aura des conséquences sur la définition de l'espace, bien que Newton ait dès le début du *De Gravitatione* pris soin de séparer radicalement l'espace de la corporéité. Nous savons que l'espace existe *nécessairement*, sans quoi, « Dieu n'aurait été présent nulle part » et l'existence de n'importe quel être ne pourrait être concevable. Mais qu'en est-il de l'existence des corps ? Est-elle aussi nécessaire que l'existence de l'espace ? Nous avons déjà vu que non, puisque « [...] bien que peut-être nous puissions imaginer qu'il n'y ait rien dans l'espace, nous ne pouvons cependant pas penser que l'espace n'existe pas. »[140]. L'existence des corps n'est donc pas *nécessaire*, elle ne dépend que de la volonté de Dieu, et les desseins du Créateur étant impossibles à connaître avec précision, Newton avertit que la définition du corps sera livrée à une certaine indétermination, indétermination qui nous allons le voir, est d'une extrême importance quant à la possibilité de pouvoir, oui ou non, distinguer les objets que nous rêvons de ceux que nous percevons éveillés :

> Or, comme elle existe [la nature corporelle], non pas nécessairement mais par la volonté divine, son explication sera plus incertaine puisqu'il ne nous est pas permis de connaître les limites de la puissance divine, c'est-à-dire puisque nous ne savons pas si la matière a pu être créée d'une seule façon, ou s'il existe plusieurs façons de produire des êtres différents les uns des autres et pourtant tout à fait semblables à des corps.[141]

140 *Ibidem*, p. 129.
141 *Ibidem*, p. 130.

La fin de la citation est d'une extrême importance : nous avons vu qu'en vertu du principe qu'aucun « être n'existe ni ne peut exister sans être rapporté à l'espace »[142], les images (par exemple l'image d'un triangle ou d'une quelconque figure) aussi bien que les corps, qui sont des êtres (puisqu'ils sont bien quelque chose plutôt que *rien*), doivent être considérés comme étant *dans* l'espace, chacun bien sûr d'une façon qui lui est propre. Maintenant, s'il existe bel et bien « des êtres différents les uns des autres et pourtant tout à fait semblable à des corps », cela signifie que la matière n'est pas nécessairement (et uniquement) cette réalité physique dont on soutient traditionnellement qu'elle est une substance autonome, et constitutive des corps que nous percevons à l'état de veille, mais qu'elle est peut-être aussi le principe ou le mode selon lequel certains êtres, par exemple des corps ou des objets perçus lors d'un songe, nous apparaissent malgré que nous soyons endormis. Le fait est que dans le déroulement de certains de nos rêves, nous sommes convaincus que les corps que nous touchons, observons, sentons etc., sont *réels*, c'est-à-dire identiques à ceux qui nous affectent quotidiennement lorsque nous sommes éveillés ; l'idée d'une *matière onirique*, ou d'une *matérialité du rêve*, est donc loin d'être absurde, et sera notamment développée, et approfondie beaucoup plus tard par Bergson, comme en témoigne cet extrait de l'*Énergie Spirituelle* :

> Voici donc un rêve. Je vois toute sorte d'objets défiler devant moi ; aucun d'eux n'existe effectivement. Je crois aller et venir, traverser une série d'aventures, alors que je suis couché dans mon lit, bien tranquillement. Je m'écoute parler et j'entends qu'on me répond ; pourtant je suis seul et je ne dis rien. D'où vient l'illusion ? Pourquoi perçoit-on, comme si elles étaient réellement présentes, des personnes et des choses ? Mais d'abord, n'y a-t-il rien du tout ? Une certaine

142 *Ibidem*, p. 128.

matière *sensible* n'est-elle pas offerte à la vue, à l'ouïe, au toucher, etc., dans le sommeil comme dans la veille ?[143]

Ce problème est donc un problème de *constitution* des objets de l'expérience, et il est métaphysique : de quoi sont constitués les corps ? On suppose qu'ils sont constitués d'une certaine *matière*. Mais étant impossible de définir avec certitude *ce qu'est* la matière, rien n'empêche de supposer qu'il existe plusieurs types de matière, et notamment, que les objets ou les corps que nous percevons dans nos rêves soient eux-mêmes constitués d'une certaine « matière sensible ». Et précisons dès à présent qu'il n'y aurait aucun moyen de hiérarchiser ces différents types de matière, c'est-à-dire que rien ne permettrait de dire que la matière des corps que nous percevons en rêve, par exemple, soit inférieure, ou illusoire, par rapport à la matière que les physiciens expérimentent à l'état de veille ; l'une et l'autre seraient peut-être différentes (ce qui d'ailleurs, est loin d'être évident) mais participeraient d'une même réalité : *l'espace* (tel qu'il est expérimenté par un sujet). Ce point de vue est évidemment vertigineux, il remet notamment en question la dualité classique entre esprit et matière, et nous aurons l'occasion d'y revenir plus d'une fois, notons simplement que Newton ouvre la voie d'une représentation fantasmagorique de la matière dès le début du chapitre consacré à la définition du corps :

> Et bien qu'il ne semble pas croyable que Dieu puisse créer des êtres semblables à des corps, qui produiraient toutes les actions des corps et en auraient les apparences, sans pour autant être des corps dans leur constitution essentielle et métaphysique ; comme, toutefois, je n'ai pas encore de perception claire et distincte de ce sujet, je n'oserai pas affirmer le contraire (...)[144]

[143] Bergson, *L'Énergie Spirituelle, Essais et Conférences*, Presses Universitaires de France, 1ère édition : 1919, 6ème édition, coll. « Quadrige » : 1999, chapitre IV, p. 85.
[144] Isaac Newton, *De Gravitatione*, Éditions Gallimard, 1995, pp. 130-131.

Et l'auteur de continuer :

> (…) et je ne veux donc pas dire positivement ce qu'est la nature corporelle mais décrire plutôt un certain genre d'êtres en tout point semblables à des corps, dont nous ne pouvons pas ne pas reconnaître que la création est au pouvoir de Dieu et dont nous ne pouvons pas dire avec certitude qu'ils ne sont pas des corps.[145]

Lorsque Newton parle d'un « certain genre d'êtres en tout point semblables à des corps », nous savons que par « corps », il entend les objets dont nous faisons l'expérience à l'état de veille par l'entremise de nos sens. Mais Newton, en fin métaphysicien, s'il ne nie pas la primauté de l'expérience *empirique* dans le processus de détermination de la nature corporelle, comprend néanmoins que cette expérience est insuffisante à nous donner la véritable essence de la *matière*, de la corporéité ; il se peut que la matière ne soit pas homogène, qu'il y ait plusieurs types de matière, et surtout que certains êtres n'ayant que l'apparence des corps soient tout aussi *réels* que ces derniers, (« puisque nous ne savons pas si la matière a pu être créée d'une seule façon »). Notons que par *réels* ici, nous entendons créés par Dieu et n'existant que par la seule volonté de Celui-ci. Autrement dit, connaître la *constitution fondamentale* d'un corps est le véritable défi pour le métaphysicien (mais aussi pour le physicien), car si la matière est indéfinissable et non-homogène, rien n'empêche de dire que certains corps que nous percevons en rêve soient aussi *réels* que ceux que nous percevons à l'état de veille, aussi extravagant que cela puisse paraître de prime abord. Là où il y a des corps, de la matière, il y a nécessairement de l'étendue (l'étendue est une des propriétés fondamentales que Newton attribue au corps), or, les corps que nous percevons au cours de certains de nos rêves ont incontestablement, eux aussi, cette qualité d'être étendus dans un certain espace. Il se peut donc que la matière ne soit pas uniquement physique (au sens classique

---

[145] *Idem.*

de ce terme, c'est-à-dire composée d'éléments solides et quantifiables), elle pourrait désigner aussi la substance ou la consistance de ces objets que nous percevons par l'imagination ou dans certains de nos songes. Nous savons d'ailleurs aujourd'hui que l'idée d'une matière solide est difficilement tenable, en effet, depuis que :

> Rutherford mit en évidence la structure interne des atomes. Ces grains de matière se révélèrent non seulement composites, mais surtout d'une extrême ténuité, dépourvus de toute consistance au sens usuel du terme.[146]

Dans un tel renversement de la vision classique de la matière (communément opposée à l'esprit), la distinction du réel et de l'irréel (ou de l'illusion) n'aurait plus guère de sens. C'est donc l'idée même d'une expérience empirique qui est ici remise en cause ; en effet, si la nature corporelle reste mystérieuse, de même que l'essence de la matière, comment distinguer de façon certaine une expérience dite onirique, d'une expérience éveillée, comment s'assurer que l'une n'est pas le prolongement de l'autre, et qu'il existe une réelle coupure entre les deux dimensions qui permettrait de justifier l'opposition classique entre la conscience et l'inconscience ? Nous voyons que ces questions ramènent toujours à la notion de réalité, vouloir dire *ce qu'est* un corps conduit à vouloir dire *ce qu'est* la matière, et, finalement, ce qu'est la réalité toute entière.

Expérience & qualités des corps

Bien entendu, ces considérations sont métaphysiques et concernent l'être (ou l'essence) de la matière et du corps ; de plus Newton ne s'intéresse pas, dans ses investigations, aux rapports entre le rêve et la réalité, c'est nous qui interprétons ce passage en fonction d'une problématique plus générale. Néanmoins, il est important de relever

---

[146] Étienne Klein, *L'Unité de la Physique*, Presses Universitaires de France, 2000, p. 267.

l'audace et la puissance de ce passage où Newton, bien que pour une grande part empiriste, doute de l'idée de « nature corporelle » et avoue qu'à un certain niveau d'analyse et de réflexion, il devient impossible de déterminer avec certitude *ce qu'est* la matière, s'il n'en existe qu'une, parfaitement homogène, et si certains corps (par exemple ceux que nous percevons lorsque nous rêvons), n'ont pu être malgré tout conçus par Dieu dans une certaine matière qui leur confère un statut ontologique équivalent à celui des corps que nous percevons éveillés, par l'entremise de nos sens. Mais afin d'entamer une science de la gravitation, qui concerne au plus au point le mouvement des corps, il est indispensable pour Newton de ne point s'enliser dans cette indétermination de la nature corporelle et de prendre parti pour une définition, certes incertaine, imparfaite, mais néanmoins satisfaisante à ses yeux, du corps et de la matière, afin d'identifier et de décrire le plus efficacement possible les « qualités des corps » les plus générales que l'on peut connaître « par l'expérience ». Ainsi, les propriétés essentielles que Newton attribue à la matière sont principalement l'inertie, l'impénétrabilité, l'étendue, la dureté, et la mobilité :

> On ne peut connoître les qualités des corps que par l'expérience, ainsi on doit regarder comme des qualités générales celles qui se trouvent dans tous les corps, & qui ne peuvent souffrir de diminution, car il est impossible de dépouiller les corps des qualités qu'on ne peut diminuer. [...] L'étendue des corps ne se connoît que par les sens, & elle ne se fait pas sentir dans tous les corps : mais comme l'étendue appartient à tous ceux qui tombent sous nos sens, nous affirmons qu'elle appartient à tous les corps en général. Nous éprouvons que plusieurs corps sont durs : or la dureté du tout vient de la dureté des parties, ainsi nous admettons cette qualité non-seulement dans les corps dans lesquels nos sens nous la font éprouver, mais nous en inférons, avec raison, que les particules indivisées de tous les corps doivent être dures. Nous concluons de la même manière, que tous les corps sont impénétrables. Car tous ceux que nous touchons étant impénétrables, nous regardons l'impénétrabilité comme une propriété qui appartient à tous les corps. Tous les corps que

> nous connoissons étant mobiles, & doués d'une certaine force (que nous appelons force d'inertie), par laquelle ils persèvérent dans le mouvement ou dans le repos, nous concluons que tous les corps en général ont ces propriétés. L'extension, la dureté, l'impénétrabilité, la mobilité, & l'inertie du tout vient donc de l'extension, de la dureté, de l'impénétrabilité, de la mobilité, & de l'inertie des parties : d'où nous concluons que toutes les petites parties de tous les corps sont étendues, dures, impénétrables, mobiles & douées de la force d'inertie. Et c'est là le fondement de toute la Physique.[147]

Un corps matériel est donc en quelque sorte un morceau d'étendue rendu impénétrable et doté de mouvement, un « quid extensum mobile et impenetrabile »[148]. L'impénétrabilité est un attribut essentiel du corps aux yeux de Newton, car cela lui permet de justifier que le corps est indépendant du « lieu » ou de l'espace qu'il occupe; un corps emplit son lieu si ce corps exclut d'autres corps du même morceau d'espace, autrement dit, « le corps est ce qui remplit le lieu » et non point une partie intégrante de ce lieu, comme cela serait le cas dans l'hypothèse où l'étendue et la matière ne formait qu'une seule et même substance :

> [...] j'ai dit que le « corps remplit le lieu » pour signifier qu'étant impénétrable il le remplit de telle manière qu'il exclut entièrement d'autres choses de même genre ou d'autres corps.[149]

Cette distinction du corps et du « lieu » qu'il « remplit » repose en définitive sur l'existence de l'espace absolu, autonome vis à vis de la matière et des corps en général. Notons que dans un « lieu », peuvent se trouver aussi des esprits, ou des âmes, d'invisibles entités qui sont

---

147 Isaac Newton, *Principes mathématiques de la philosophie naturelle*, traduction française de la Marquise du Châtelet, 2 volumes, Paris, 1759, volume II, règle III, pp. 3 et 4.

148 Isaac Newton, *De gravitatione et aequipondio fluidorum (De la gravitation suivi de Du mouvement des corps)*, Éditions Gallimard, 1995, p. 112.

149 *Idem.*

« quelque part », en l'occurrence dans l'espace, mais qui ne font pas obstacle, n'étant pas impénétrables comme le sont les corps. L'espace n'est, nous l'avons déjà vu précédemment, point réservé aux corps matériels, en effet, *tout ce qui est* possède une forme de *présence*, et donc une forme d'extension. Nous savons que si l'esprit n'était présent nulle part, cela signifierait qu'il n'existe pas, car, nous l'avons déjà largement commenté, ce qui n'est nulle part n'*est* pas, ce que More défendait déjà contre Descartes lors de ses échanges polémiques avec ce dernier, en 1648 :

> Vous définissez la matière ou le corps d'une manière trop générale, car il semble que non seulement Dieu, mais les anges mêmes, et toute chose qui existe par soi-même, est une chose étendue. »[150] Que sont les corps pour Newton ? Ce sont des « [...] quantités déterminées d'étendue que Dieu, omniprésent, a pourvues de certaines propriétés [...] ».[151]

Ces propriétés nous les avons déjà données : l'inertie, l'impénétrabilité, l'étendue, la dureté, et la mobilité. Newton, propose une fiction pour expliquer la création des corps matériels. Il nous demande d'imaginer que Dieu a décidé, par un décret souverain, d'empêcher tout corps de pénétrer dans une certaine portion d'espace :

> [...] il faut admettre que Dieu pourrait, par sa seule action de penser ou de vouloir, empêcher des corps de pénétrer en un espace défini par des limites précises.[152]

Et l'auteur de continuer :

> Or, s'il exerçait ce pouvoir et qu'il rendît un espace borné au-dessus de la Terre impénétrable aux corps, comme une montagne ou un corps quelconque et si donc cet espace se mettait à arrêter ou réfléchir la lumière et tous les corps qui le frappent : il semblerait impossible de découvrir à l'aide de nos

150 *Lettre de More à Descartes*, Édition Adam & Tannery, volume V, p. 238.

151 Isaac Newton, *De gravitatione et aequipondio fluidorum (De la gravitation suivi de Du mouvement des corps)*, Éditions Gallimard, 1995, p. 132.

152 *Ibidem*, p. 131.

sens (qui en l'occurrence seraient nos seuls juges) que cet espace n'est pas véritablement un corps ; en effet, il serait tangible de par son impénétrabilité, visible, opaque et coloré parce qu'il réfléchit la lumière, et il résonnerait sous le choc, puisque l'air voisin serait mis en mouvement par ce choc.[153]

Et l'auteur de conclure :

Imaginons donc que sont disséminés à travers le monde des espaces vides dont l'un, défini par des limites précises, est rendu impénétrable aux corps par le pouvoir divin, il est alors évident par hypothèse que cet espace ferait obstacle aux mouvements des corps, pourrait les détourner et revêtirait toutes les propriétés d'une particule corporelle sauf qu'il serait immobile.[154]

Un tel morceau d'espace « défini par des limites précises » et « rendu impénétrables aux corps » aurait toutes les propriétés d'un corps, excepté la mobilité. Et peu à peu dans l'argumentation, la fiction va devenir réalité, et le corps sera défini de la même façon que ces espaces fictifs : comme une partie de l'étendue rendue impénétrable par Dieu :

[...] s'il y avait plusieurs espaces de cette sorte, impénétrables aux corps et à eux mêmes, tous rempliraient le rôle des particules et montreraient les mêmes apparences. Ainsi, si notre monde tout entier était constitué d'êtres de cette sorte, il se présenterait, semble-t-il, à peine autrement que le nôtre. Par suite, ces êtres seraient soit des corps soit tout à fait semblables à des corps. [155]

Et l'auteur de continuer :

S'ils sont des corps, nous pourrons alors définir les corps comme des quantités déterminées d'étendue que Dieu, omniprésent, a pourvues de certaines propriétés telles que 1) ils sont mobiles et c'est pourquoi j'ai dit, non qu'ils sont des

---

153 *Idem.*

154 *Idem.*

155 *Ibidem*, p. 132.

parties numériques de l'espace absolument immobiles, mais seulement des quantités déterminées transférables d'un espace à un autre (...)[156]

Newton poursuit et conclue son argumentation ainsi :

2) deux corps de cette sorte ne peuvent coïncider en quelque point que ce soit ou sont impénétrables et par suite lorsque leurs mouvements les font se rencontrer, ils sont réfléchis selon les lois déterminées ; 3) ils peuvent exciter dans les esprits créés diverses perceptions des sens et de l'imagination et peuvent à leur tour être mus par ces esprits; et cela n'est pas étonnant puisque la description de l'origine des choses trouve là son fondement.[157]

Remarquons que cette pseudo-fiction destinée à déterminer la nature corporelle est essentiellement dépendante des données de l'expérience empirique, elle ne permet donc pas d'approfondir le problème métaphysique posé par Newton lui même au début du chapitre, à savoir la possibilité qu'il existe plusieurs types de "*matière*" et qu'il existe peut-être des « [...] êtres semblables à des corps, qui produiraient toutes les actions des corps et en auraient les apparences, sans pour autant être des corps dans leur constitution essentielle et métaphysique... ». Newton prend le parti de déterminer la nature corporelle à partir des données de l'observation des corps, en effet, que les corps soient « mobiles » et se meuvent « d'un espace à un autre », qu'ils soient « impénétrables » et qu'ils puissent « être mus par [des] esprits », cela ressemble à des vérités tirées de l'expérience empirique, comme le confirme d'ailleurs l'extrait des *Principia* donné précédemment et dans lequel Newton précisait bien qu'on « [...] ne peut connoître les qualités des corps que par l'expérience » et que l'on « doit regarder comme des qualités générales celles qui se trouvent dans tous les corps ». De plus, dans le *De Gravitatione*,

156 *Idem.*
157 *Idem.*

Newton ajoute que : « [...] tout ce que nous croyons réel dans les corps vient de leurs apparences et de leurs qualités sensibles. »[158]

Newton, apparemment, ne croit pas en une matière autonome vis à vis de l'esprit ; les corps matériels affectent nos sens et nos représentations, et l'idée d'un corps ou d'une matière indépendante est un préjugé débouchant souvent sur un matérialisme grossier :

> [...] on ne trouve guère d'autre cause à l'athéisme que cette notion de corps en tant que dotés d'une réalité en soi, complète, absolue et indépendante.[159]

Ou encore :

> Si nous disons avec Descartes que l'étendue est un corps, ne frayons-nous pas la voie à l'Athéisme, manifestement, tant parce que l'étendue est non pas une créature mais existe de toute éternité que parce que nous en avons une idée absolue, sans aucune relation à Dieu et qu'ainsi nous pouvons concevoir qu'elle existe tout en imaginant que Dieu n'existe pas ?[160]

La notion d'impénétrabilité n'est pas évidente, et Descartes ne l'intégrait point (comme propriété essentielle) dans sa définition de la nature corporelle. Toujours dans le même extrait des *Principia* cité plus haut, Newton dit que tous les corps « que nous touchons étant impénétrables, nous regardons l'impénétrabilité comme une propriété qui appartient à tous les corps », mais d'une part, il est loin d'être évident que tous les corps que nous touchons sont impénétrables, et d'autre part, un corps peut subir certaines modifications qui remettent en question son apparente homogénéité et solidité, comme en témoigne le fameux exemple du morceau de cire mis en avant par Descartes dans les « Méditations Métaphysiques ». Ajoutons que :

---

[158] *Ibidem*, p. 133.
[159] *Ibidem*, p. 137.
[160] *Ibidem*, p. 136.

> [...] du point de vue actuel, l'impénétrabilité, non seulement se distingue de la solidité, mais encore ne caractérise en rien un corps donné. Tout au plus concerne-t-elle la relation mutuelle de deux objets : un atome peut, dans une certaine mesure, être dit impénétrable par un autre atome. Il ne peut cependant en aucun cas être considéré comme impénétrable en soi, puisque certaines particules individuelles, électrons ou neutrons par exemple, peuvent aisément le traverser. Ainsi donc la solidité d'un corps à notre échelle repose certes sur sa constitution atomique mais les atomes eux-mêmes ne peuvent en rien être tenus pour dotés de cette qualité.[161]

Newton a très bien aperçu que cette notion d'impénétrabilité n'était pas si évidente à démontrer :

> Et ce raisonnement en faveur de la gravité universelle des corps, tiré des phénomènes, sera plus fort que celui par lequel on conclut leur impénétrabilité : car nous avons aucune expérience ni aucune observation qui nous assure que les corps célestes sont impénétrables.[162]

Mais s'il insiste pour attribuer l'impénétrabilité à la notion de corps, c'est dans un but bien précis. Descartes, nous l'avons déjà mentionné plusieurs fois, confond l'espace et la corporéité : si l'on prive un corps donné quelconque de toutes ses qualités sensibles, « [...] nous trouverons que la véritable idée que nous en avons consiste en cela seul que nous apercevons distinctement qu'elle est une substance étendue en longueur, largeur et profondeur ; or cela même est compris en l'idée que nous avons de l'espace, non seulement de celui qui est plein de corps, mais encore de celui qu'on appelle vide. » De même, en ce qui concerne sa définition du corps : « [...] ce n'est pas la pesanteur, ni la dureté, ni la couleur, etc., qui constitue la nature du corps, mais l'extension seule ». En interprétant

---

161 Étienne Klein, *L'Unité de la Physique*, Presses Universitaires de France, 2000, p. 269.

162 Isaac Newton, *Principes mathématiques de la philosophie naturelle*, traduction française de la Marquise du Châtelet, 2 volumes, Paris, 1759, volume II, règle III, pp. 3-4.

ces définitions cartésiennes de l'espace et du corps (où la matière et l'étendue sont nettement confondues), nous comprenons que Descartes ne pouvait quasiment plus différencier de façon certaine le corps perçu en rêve du corps perçu à l'état de veille, les deux étant incontestablement doués d'une extension. De plus, puisqu'un tel espace était nécessairement plein, compact, car sans vide entre les corps, l'étendue se réduisant à la matière, il devenait presque impossible de comprendre et de justifier l'existence du mouvement des corps. En posant que tout corps est impénétrable, Newton fait justement du corps un espace « défini par des limites précises » interdisant que l'étendue (limitée) de ce corps soit confondue avec l'étendue (ou l'extension) de l'espace (qui est, rappelons-le, d'une autre nature). Cela lui permet de poser qu'entre les corps subsiste une sorte de « vide » ou d'« éther » (mais un « éther » dont les particules sont séparées par du « vide ») et de rendre compte plus rigoureusement du déplacement des corps dans l'espace, et de différencier justement cet espace des corps qui se meuvent en lui :

> Mais, pour qu'il ne subsiste aucun doute, on peut observer à la suite de ce que l'on vient de dire, qu'il existe des espaces vides dans la nature ?[163]

Et l'auteur de continuer :

> Car si l'éther était un fluide totalement corporel, sans aucun pore vide, il serait aussi dense que n'importe quel autre fluide, si subtil de par la division de ses parties ; et il ne céderait pas aux mouvements des corps qui le traverseraient par une inertie moindre que celle de ce fluide, mais son inertie serait bien plus grande au contraire, pour peu que le projectile soit poreux (...)[164]

---

[163] Isaac Newton, *De gravitatione et aequipondio fluidorum (De la gravitation suivi de Du mouvement des corps)*, Éditions Gallimard, 1995, pp. 140-141.
[164] *Idem.*

Et l'auteur de conclure :

(...) parce que l'éther pénétrerait en ses pores intimes et qu'il rencontrerait non seulement toute la surface externe mais aussi les surfaces de toutes les parties internes et leur ferait obstacle.[165]

On comprend mieux pourquoi, précédemment, Newton avait déclaré que « [...] tout ce qui a plus de réalité dans un espace que dans un autre, appartient à un corps et non à l'espace ... »[166] Il faut que les espaces dans lesquels se meuvent les corps ne subissent ou ne manifestent aucune modification, aussi bien quantitative que qualitative, sans quoi il redeviendrait possible de confondre ces espaces avec des corps, et de retomber dans l'identification cartésienne de la matière et de l'étendue. Un corps est donc une étendue bornée, ou limitée par un « acte de la volonté divine »[167]. L'étendue est le « sujet substa ntiel » de « [...] la forme du corps [...] conservée par la volonté divine »[168] ; l'étendue est comme un ruisseau, dans lequel des remous donnent l'image de certaines figures ou formes, et Dieu, par l'acte de sa volonté, "coagule" en quelque sorte un certain nombre de ces formes qui se matérialisent et deviennent ainsi des corps :

En ce qui concerne l'existence de ces êtres, il n'est pas besoin d'imaginer qu'est donnée une substance non intelligible en laquelle une forme substantielle serait inhérente comme en un sujet : l'étendue et l'acte de la volonté divine suffisent.[169]

Et l'auteur de conclure :

L'étendue, en laquelle la forme du corps est conservée par la volonté divine, joue le rôle de sujet substantiel ; et cet effet de

165 *Idem.*
166 *Ibidem*, p. 130.
167 *Ibidem*, p. 132.
168 *Idem.*
169 *Ibidem*, pp. 132-133.

la volonté divine est la forme ou la raison formelle du corps, désignant tout l'intervalle d'espace où le corps est amené à l'être.[170]

Ainsi Dieu est reconnu dans sa présence et son action toute-puissante : les corps ne sont rien que de l'étendue rendue impénétrable par Dieu. Mais quelle est cette étendue ? Est-ce l'étendue de l'espace absolu, infini et immuable ? Cela paraît peu probable, l'espace absolu étant immatériel, comment Dieu pourrait-il, à partir d'un tel espace, matérialiser des corps ? Peut-être est-ce alors l'étendue physique, constituée d'éther et d'espaces plus ou moins « vides » ? La réponse ne semble pas vraiment donnée dans le texte, et l'étendue « jouant le rôle d'un sujet substantiel » est particulièrement délicate à cerner. D'autant plus que de cette étendue est aussi « le sujet substantiel » des formes géométriques, des figures idéales, ce qui la rend plus difficile encore à caractériser. Cette étendue ressemble à la paroi de la Caverne dans *La République* de Platon, une sorte de canevas (ayant sa propre consistance) où viendraient se manifester temporairement diverses formes et figures.

De l'*existence* des corps

Newton, comme nous l'avions déjà relevé, pose que « tout ce que nous croyons réels dans les corps vient de leurs apparences et de leurs qualités sensibles ». Ainsi, des êtres qui « [...] seraient capables de recevoir toutes les qualités de ce type et pourraient en montrer de la même manière toutes les apparences, nous ne les jugerions pas moins réels, pourvu qu'ils existassent. »[171]. Les corps que nous percevons au cours de certains rêves possèdent les mêmes « apparences » et les mêmes « qualités sensibles » que nous observons dans les corps (à l'état de veille), cela signifie-t-il, comme nous le suggérions précédemment,

---

170 *Idem.*

171 *Ibidem*, p. 133.

qu'ils ne sont « pas moins réels » que ces corps qui nous affectent lorsque nous sommes éveillés ? Probablement oui, à condition que ces êtres *existent*. Or nous avons vu qu'aucun « être n'existe ni ne peut exister sans être rapporté, de quelque manière, à l'espace », et il est indéniable que, d'une certaine « manière », lorsque nous rêvons, nous nous trouvons bel et bien, nous-mêmes comme les corps ou les êtres que nous percevons, dans un certain espace. Par conséquent, rien n'interdit d'avancer que les objets que nous percevons en rêve existent et soient aussi *réels* que ceux que nous percevons éveillés. Et Newton ajoute même que ces êtres « [...] n'en seraient pas moins des substances puisqu'ils subsisteraient pareillement par Dieu seul et seraient le substrat des accidents »[172]. Les corps peuvent donc être appelés « substances », dans la mesure où seulement ils subsistent par Dieu :

> [...] j'ai déduit la description de la nature corporelle de la faculté de mouvoir nos corps, pour que toutes les difficultés de conception de cette nature se ramènent en fin de compte à cette faculté ; et pour qu'en outre, il nous apparaisse (dans l'intimité de nos consciences) que Dieu n'a pas créé le monde par une autre action que par celle de sa volonté, tout comme nous aussi nous mouvons nos corps par la seule action de notre volonté.[173]

On a donc deux réalités fondamentales : l'espace, et Dieu qui y réside et y matérialise des formes. Un espace revêt la forme d'un corps dès que Dieu empêche les autres corps d'y pénétrer. On pourrait presque dire que le corps se rapproche d'une illusion :

> La substance [le corps] est une illusion maintenue par Dieu seul ; si Dieu cessait de soutenir l'illusion, la substance serait annihilée, l'étendue ne le serait pas.[174]

---

[172] *Idem.*

[173] *Ibidem*, pp. 133-134.

[174] A. Rupert Hall and Marie Boas Hall, *Unpublished Scientific Papers of Isaac Newton*, A selection from the Portsmouth Collection in the University Library, Cambridge, 1978, p. 79.

Newton, un peu plus loin dans son argumentation, ajoute :

> […] en outre, en mouvant des corps, nous ne créons ni ne pouvons créer quelque chose mais nous faisons que refléter le pouvoir de créer.[175]

Il explique :

> En effet, nous ne pouvons pas rendre des espaces imperméables aux corps : nous ne faisons que mouvoir des corps et non pas n'importe lesquels mais seulement les nôtres auxquels nous sommes unis de par un décret divin et non de par notre propre volonté ; et [nous ne pouvons pas non plus mouvoir les corps] de n'importe quelle façon mais selon certaines lois que Dieu nous a imposées.[176]

Ce passage est intéressant si nous rapportons les propos de Newton dans un contexte plus récent. Est-il possible de créer ou de façonner un *milieu* radicalement autonome du reste de l'univers, un « lieu » vide, totalement hermétique ? Comment s'assurer, par exemple, que des espaces *expérimentaux* soient réellement « imperméables » à des facteurs parasites ? En d'autres termes, pouvons-nous véritablement isoler un objet d'étude quelconque du reste des autres corps ? Bien sûr, Newton n'aborde pas ce problème ici, et lorsqu'il parle d'espaces « imperméables aux corps », il ne fait référence qu'aux créations divines, c'est-à-dire aux corps. C'est juste une question que nous voulions poser dès maintenant, et à laquelle nous tenterons de répondre ultérieurement. La vision newtonienne du corps est finalement très étrange, et il faut bien avouer que le savant britannique n'a pas su nous fournir des indications satisfaisantes concernant la *nature corporelle* qui pourraient nous aider à distinguer substantiellement le corps tel que nous le percevons dans un rêve, du corps tel que nous le percevons au cours d'une expérience empirique (à l'état de

---

175 Isaac Newton, *De gravitatione et aequipondio fluidorum (De la gravitation suivi de Du mouvement des corps)*, Éditions Gallimard, 1995, p. 134.
176 *Idem.*

veille). Les corps, dans le système newtonien, sont semblables à de perpétuels miracles, ils se rapportent à Dieu de façon nécessaire et ne sont *rien* à proprement parler, puisqu'ils ne sont que des espaces où Dieu a interdit la pénétration. La corporéité manifeste alors un aspect d'irréalité, l'arbitraire divin engendre toutes sortes de solidités, qui ne sont en définitive qu'une sorte de fantasmagorie. De plus, comme le remarque Koyré : « Newton n'accepte comme propriétés essentielles de la matière que celles a) qui nous sont empiriquement données ; b) qui ne sont susceptibles ni d'augmentation ni de diminution. »[177] Autrement dit, c'est l'expérience qui nous donne les qualités pouvant appartenir à tous les corps en général. Mais cela ne nous dit pas ce qu'*est* la matière, encore moins ce qu'*est* la réalité. Donner quelques propriétés à la matière n'est en aucun cas la même chose que de donner son essence ou son être, nous ne savons donc toujours pas comment distinguer la consistance des objets que nous rêvons de celle des objets que nous percevons éveillés. Lorsque Newton affirme que « l'étendue des corps ne se connoît que par les sens », remarque-t-il qu'il en va de même lorsque nous rêvons d'être en présence de corps ? D'ailleurs, quels que soient les êtres ou les lieux dont nous rêvons, à partir du moment où ils sont *quelque chose*, ils manifestent toujours une certaine *étendue*, sinon nous ne percevrions rien du tout. Par conséquent, il faut admettre que la notion de « sens » est particulièrement ambiguë, puisque nous pouvons voir des objets, et même les toucher ou les sentir alors même que nous rêvons. Bien entendu, Newton, qui partage les conceptions atomistes de ses contemporains, a défendu que la matière possède une structure essentiellement granulaire, qu'elle se compose d'infimes particules solides, indivisées. Mais une telle définition justement est induite de l'expérience dite empirique :

[177] Alexandre Koyré, *Du monde clos à l'univers infini*, Éditions Gallimard, 1973, p. 210.

> Nous éprouvons que plusieurs corps sont durs : or la dureté du tout vient de la dureté des parties, ainsi nous admettons cette qualité non-seulement dans les corps dans lesquels nos sens nous la font éprouver, mais nous en inférons, avec raison, que les particules indivisées de tous les corps doivent être dures.[178]

Si un ensemble composé de parties est constaté, par le toucher, comme étant dur, il faut par conséquent que les parties de cet ensemble, de ce tout, soient dures elles aussi; ce raisonnement, bien que logique, n'est pas aussi évident et convaincant qu'il en a l'air. D'une part, nous ne savons pas ce que sont les sens, nous savons qu'ils peuvent nous tromper, et surtout, nous savons que leur activité persiste lorsque nous rêvons ; le subterfuge qui consiste à faire de nos rêves des images mentales ou des souvenirs ne tient pas, il existe une grande différence entre se souvenir ou se représenter par l'imagination un moment de notre vie, et se croire réellement en un lieu, se mouvoir en ce lieu, y croiser des personnes familières ou pas, voir ou toucher des objets parfaitement distincts, et agir presque comme nous le ferions à l'état de veille. Ce qui nous intéresse, ce n'est pas tellement de comprendre comment fonctionne le rêve, mais plutôt de quoi sont constitués les objets, les figures, les lieux etc., qui s'y manifestent. Pourquoi ? Parce que vouloir expliquer le rêve uniquement par certaines fonctions du cerveau, par exemple, implique que nous connaissions déjà de façon certaine ce qu'est la matière, le corps, c'est-à-dire la réalité complexe de ce que nous analysons, en l'occurrence, par exemple, un cerveau. Or, de l'aveu même de Newton, il est impossible de connaître avec certitude ce qu'est la matière, et de s'assurer « que la matière a pu être créée d'une seule façon ». Sans nécessairement se référer à la création divine, il est de toute façon impossible de savoir avec certitude s'il existe plusieurs types de matière ou pas, et c'est donc le statut de la réalité toute entière qui pose

---

178 Isaac Newton, *Principes mathématiques de la philosophie naturelle*, traduction française de la Marquise du Châtelet, 2 volumes, Paris, 1759, volume II, règle III, pp. 3-4.

problème. Ainsi, il est loin d'être évident que parce qu'un corps est dur, les parties qui le composent doivent être dures elles aussi, il n'est même pas évident que les parties les plus infimes entrant dans sa composition soient encore sensibles ; par conséquent, la démonstration newtonienne sur ce point nous paraît très fragile : justement parce qu'ils proviennent essentiellement de l'expérience, les attributs que Newton admet dans la définition du corps sont tous dépendants des sens, et donc d'*impressions* : la dureté de quelque chose est une impression, il suffirait de perdre le sens du toucher pour que cet attribut du corps n'en soit plus un, ou en tout cas plus un d'essentiel. L'impénétrabilité dépend essentiellement du toucher et de la vue, indépendamment de ces deux sens, cette notion ne signifie plus grand chose, et nous avons vu d'ailleurs, comme pour la dureté, que cette prétendue qualité primordiale des corps n'était pas évidente à fonder, même à partir des données de l'expérience. L'inertie est un attribut à part, car il concerne le mouvement ou plus généralement le comportement des corps, et non point l'essence ou la substance de ces derniers, ce qui nous intéresse principalement ici. Il reste donc, comme attributs fondamentaux du corps, l'étendue et la mobilité. La mobilité est un attribut qui nous semble plus intéressant que les autres ; en effet, Newton, lorsqu'il décrit la façon selon laquelle Dieu crée les corps, opère l'analogie suivante :

> Puisque tout homme est conscient qu'il peut mouvoir son corps selon sa volonté et croit aussi qu'il y a chez les autres hommes le même pouvoir, par lequel ils peuvent semblablement mouvoir leurs corps par leurs seules pensées : il ne faut absolument pas refuser à Dieu, dont la faculté de penser est infiniment plus puissante et prompte que la nôtre, le pouvoir de mouvoir n'importe quel corps, selon sa volonté. [179]

[179] Isaac Newton, *De gravitatione et aequipondio fluidorum (De la gravitation suivi de Du mouvement des corps),* Éditions Gallimard, 1995, p. 131.

Et l'auteur de continuer :

> Par un raisonnement semblable, il faut admettre que Dieu pourrait, par sa seule action de penser ou de vouloir, empêcher des corps de pénétrer en un espace défini par des limites précises.

La mobilité du corps est bien entendu tirée de l'expérience :

> Tous les corps que nous connoissons étant mobiles, & doués d'une certaine force (que nous appelons force d'inertie) par laquelle ils persévèrent dans le mouvement ou dans le repos, nous concluons que tous les corps en général ont ces propriétés.[180]

Mais le passage du *De Gravitatione* cité ci-dessus, où Newton fait une analogie entre l'acte libre de création des corps par Dieu, et la manière que nous avons de mouvoir notre propre corps (par une volonté libre), donne un sens plus profond à cet attribut de la mobilité. En effet, le concept de mobilité ne serait pas uniquement induit de l'*observation* des corps en mouvement (ou dans un repos relatif), il le serait aussi de l'appareil kinesthésique, par lequel nous avons conscience de contrôler les mouvements de notre propre corps. En procédant ainsi, Newton rend déjà moins dépendant du sens de la vue l'attribut de la mobilité. Néanmoins, cela ne suffit toujours pas à déterminer ce qu'est un corps, et encore moins la *matière*. Lorsque nous rêvons que nous nous déplaçons, ces sensations internes par lesquelles nous avons conscience de mouvoir notre corps ne disparaissent pas, bien au contraire, nous avons l'impression de nous déplacer « quelque part », et de contrôler, d'une façon certes souvent plus confuse, mais néanmoins indéniable, la majeure partie de nos mouvements. Et en ce qui concerne la perception des corps en mouvement dans l'espace dit empirique, il est inutile de

180 Isaac Newton, *Principes mathématiques de la philosophie naturelle*, traduction française de la Marquise du Châtelet, 2 volumes, Paris, 1759, volume II, règle III, pp. 3-4.

préciser que dans nos rêves, nous pouvons aussi observer nombre de corps animés de mouvements identiques. La mobilité n'est donc pas un attribut suffisant qui permette de distinguer le corps onirique du corps soi-disant réel de l'expérience empirique. Et c'est bien entendu le statut même de ladite expérience empirique, souvent perçue comme l'expérience la plus immédiate et la plus réelle que nous avons de la spatialité, qui est ici remis en question. Il ne reste finalement que l'*étendue*, comme attribut fondamental du corps. Mais là encore, nous allons voir que cet attribut est loin d'être évident, et suffisamment efficace pour décrire un corps, ou du moins, pour tenter de rendre compte de *ce qu'est* la corporéité ; car donner l'être de la corporéité implique que l'on soit capable de façon certaine, de distinguer substantiellement les corps que nous percevons en rêve de ceux que nous percevons à l'état de veille, c'est-à-dire, tout simplement, d'expliquer *ce qu'est* la matière, et de connaître s'il n'en existe qu'une, homogène, ou plusieurs (pour le moment, nous ne faisons pas de référence au facteur temps, qui est peut-être le meilleur moyen de trouver quelque différence importante entre le rêve et la réalité, car nous suivons l'argumentation de Newton concernant la nature du corps, et sur ce point précis, le savant ne fait quasiment aucune allusion au temps). Approfondissons donc encore ce point, toujours en suivant l'argumentation de Newton dans le *De Gravitatione.* Dans un troisième chapitre, intitulé « [Conséquences métaphysiques] », Newton confronte ses définitions de l'espace et du corps avec celles de Descartes :

> Et la distinction de l'esprit et du corps [posée] dans cette Philosophie [celle de Descartes] n'est pas intelligible, à moins de dire en même temps que l'esprit n'est en aucune manière étendu et qu'ainsi il n'est substantiellement présent à aucune étendue, ou qu'il n'est nulle part : c'est comme si nous disions qu'il n'existe pas.[181]

[181] Isaac Newton, *De gravitatione et aequipondio fluidorum (De la gravitation suivi de Du mouvement des corps),* Éditions Gallimard, 1995, p. 136.

Newton n'a semble-t-il point perçu que pour Descartes, la distinction des deux substances, celle de l'esprit et celle du corps, est essentiellement *théorique*, en effet :

> [...] l'esprit et le corps sont des substances incomplètes, lorsqu'ils sont rapportés à l'homme qu'ils composent.[182]

Nous avions relevé précédemment que l'*étendue* cartésienne, qu'elle se rapporte à des corps ou des figures géométriques, ne pouvait être réduite à une simple idée (ou *conception*) de l'entendement, qu'elle était dans son être même plus qu'une simple définition, qu'elle devait être aussi une certaine *image* tirée de la perception des corps ; Une substance dont l'attribut principal est d'être « étendue en longueur, largeur et profondeur » ne peut pas ne peut être représentée par l'imagination. L'étendue cartésienne n'est pas qu'un concept de l'entendement, mais renvoie aussi à une certaine *image* tirée de l'intuition des corps. Il est nécessaire de d'abord percevoir des corps avant de tirer, par abstraction, de ces corps une qualité commune et générale, (un attribut), comme l'*étendue*. C'est pourquoi l'imagination, qui dépend de la perception des corps (dans la philosophie cartésienne), est la faculté primordiale en science physique, c'est elle qui manifeste le mieux l'union de l'âme et du corps et autorise une investigation du réel par l'entendement, qui, s'il n'avait pour nourriture que ses seules idées, serait incapable de connaître autre chose que lui-même. L'imagination suppose donc, par son activité même, l'existence d'un monde qu'il est possible d'investir et de questionner. Et c'est donc bien du côté de l'imagination qu'il faut placer l'étendue, dans le système philosophique de Descartes, et plus précisément, dans l'union de l'âme et du corps, sans laquelle nous ne percevrions rien, ni corps, ni étendue, et donc, effectivement, ne pourrions jamais être *quelque part*. Lorsque Descartes affirme que l'esprit n'est

---

182 René Descartes, *Réponses aux quatrièmes objections*, in Œuvres Philosophiques, Tome II, 1638-1642, Édition de Ferdinand Alquié, Classiques Garnier, Bordas, Paris, 1989, pp. 663-664.

point quelque chose d'étendu, il entend simplement que l'esprit n'est saisissable ni par les sens, ni par l'imagination, et donc qu'il ne remplit effectivement aucun lieu dans l'espace (pour parler en termes newtoniens), ce qui ne signifie pas, qu'unit au corps, il ne soit pas, en vertu justement de cette union, *présent* dans l'espace. Mais ce ne sera pas l'esprit seul qui sera présent dans l'espace, encore moins le corps seul, ce qui n'aurait aucun sens, c'est un homme, un individu, une personne, c'est-à-dire une *composition* des deux substances, *composition* dont l'activité fondamentale est l'imagination. L'étendue cartésienne est ainsi principalement dépendante de l'imagination, c'est-à-dire de l'union de l'âme et du corps. L'espace et les corps qui s'étendent devant nous, ne sont jamais saisis par l'entendement seul, ils sont aussi dépendants de nos sens, et donc de notre corps, et le processus intellectuel d'abstraction, qui permet de dépouiller le corps de toutes ses qualités sensibles et de conclure que le corps est « une substance étendue en longueur, largeur et profondeur » suppose aussi un effort de l'*imagination*, car les idées de longueur, largeur et profondeur, sans un minimum de représentation par *image* les sous-tendant, n'auraient aucun sens et n'existeraient probablement pas. C'est probablement d'ailleurs en vertu de cette union de l'âme et du corps, et du rôle fondamental de l'imagination, que Descartes a décidé de confondre la matière (dépendante du corps) et la pure extension géométrique (dépendante de l'âme), donnant ainsi naissance à l'« étendue », mixte étonnant de corps et d'abstraction, dont l'imagination, mieux que les autres facultés (puisqu'elle est le produit de l'union substantielle), peut rendre compte. Il semble que Newton n'ait point perçu cela, et la critique adressée à Descartes, selon laquelle, puisque n'étant pas étendu, l'esprit n'est « nulle part », nous semble inadéquate. Quelques lignes plus loin, Newton ajoute, toujours à l'attention de Descartes :

> qu'on [...] ne trouve guère d'autre cause à l'Athéisme que cette notion de corps en tant que dotés d'une réalité en soi,

complète, absolue et indépendante, notion telle que beaucoup d'entre nous la concevons dans notre esprit depuis l'enfance, si je ne me trompe.[183]

Il est inutile que nous reformulions à ce sujet l'argumentation développée précédemment, il nous paraît évident désormais qu'en vertu de l'union et l'âme et du corps, et surtout du rôle de l'imagination, que Descartes ne pouvait concevoir sérieusement que le corps est une « une réalité en soi, complète, absolue et indépendante ». Une telle détermination du corps dans la philosophie de Descartes est toujours théorique, nous dirions même pédagogique, il s'agit en effet de bien séparer dans nos représentations ce qui dépend du corps de ce qui dépend de l'esprit, de ne point confondre les attributs respectifs de ces deux substances, et justement d'éviter le matérialisme en prêtant au corps des qualités propres à l'esprit, ou inversement. Mais jamais, nous semble-t-il, Descartes n'a dit que l'esprit incarné ne se trouvait *nulle part*, ou n'était point présent dans l'espace. Mais quelques lignes plus loin, Newton invoque un autre argument contre la conception cartésienne du corps, qui cette fois-ci, nous semble beaucoup plus incisif :

> D'ailleurs, pour répondre maintenant d'une manière plus serrée à l'argumentation cartésienne : supprimons du corps (comme il l'exige) la gravité, la dureté et toutes les qualités sensibles, de sorte qu'il ne reste à la fin rien d'autre que ce qui appartient à l'essence du corps. Faut-il croire qu'il ne restera plus dès lors que l'étendue ? Point du tout.[184]

Et l'auteur de continuer :

> Car, il faudrait rejeter en outre la faculté ou la puissance par laquelle les corps mettent en mouvement les perceptions des choses pensantes [c'est-à-dire des esprits].[185]

---

183 Isaac Newton, *De gravitatione et aequipondio fluidorum (De la gravitation suivi de Du mouvement des corps)*, Éditions Gallimard, 1995, p. 137.

184 *Ibidem*, pp. 139-141.

185 *Idem*.

Et plus loin Newton ajoute :

> [...] en rejetant les accidents des corps il ne reste pas l'étendue seule, comme [ce philosophe] l'avait imaginé, mais aussi les facultés par lesquelles les corps peuvent mettre en mouvement tant les perceptions des esprits que les autres corps.[186]

Et l'auteur de conclure :

> Si nous rejetons en outre ces facultés et toute-puissance de mouvoir de sorte que reste la seule conception précise d'un espace uniforme : Descartes fabriquera-t-il des tourbillons ou un monde à partir de cette étendue ? Sûrement pas [...].[187]

Newton reproche donc à Descartes de ne pas avoir remarqué qu'en dépouillant le corps de toutes ses qualités sensibles, il ne subsiste point seulement l'étendue, « mais aussi les facultés par lesquelles les corps peuvent mettre en mouvement tant les perceptions des esprits que les autres corps ». A notre avis, le problème vient du fait que les deux penseurs ne se situent pas sur le même plan : Descartes, notamment dans les *Méditations Métaphysiques*, lorsqu'il distingue par leurs attributs respectifs la substance pensante et la substance corporelle, cherche à déterminer *ce qu'est* un corps, *ce qu'est* l'esprit, *ce qu'est* la matière, et plus globalement, *ce qu'est* le réel. Lorsque nous percevons des corps dans l'espace, nous avons conscience, et de nous-mêmes, et d'un milieu dans lequel nous nous situons, et, ce milieu forme en quelque sorte un tout qui a l'apparence d'être homogène. Nous éprouvons *intuitivement* qu'il n'y a point de vide réel entre les objets que nous percevons et sur lesquels nous pouvons agir ; c'est comme si, malgré la multiplicité des corps affectant notre sensibilité, nous éprouvions malgré tout cette impression d'être, en même temps que ces derniers, toujours présents dans une réalité dont la texture nous paraît identique en tous lieux. Or, cette

---

186 *Idem.*

187 *Idem.*

texture, doit-on et peut-on l'expliquer seulement par l'idée de *matière* ? Et si nous le faisons, comment s'assurer qu'il n'existe qu'un seul type de matière : existe-t-il réellement une matière homogène, universelle ? Comment s'assurer que cette texture n'est point de nature spirituelle, comme un prolongement de l'âme ? C'est dans cette problématique là que nous insistons sur la nécessité de pouvoir distinguer substantiellement les corps que nous percevons au cours de nos rêves et ceux que nous percevons à l'état de veille. Et c'est ce problème que Descartes a tenté, dans les « Méditations Métaphysiques », de prendre en charge et de résoudre. Newton, lui, se place directement dans la *relation* qu'entretiennent entre eux les corps, et les corps avec les esprits, il n'essaie pas de déterminer *ce qu'est* le corps et *ce qu'est* l'esprit indépendamment l'un de l'autre, il se contente de montrer comment ces deux réalités dépendent de Dieu, communiquent et se situent dans l'espace, faisant ainsi grand cas de l'expérience. C'est pourquoi il rétorque à Descartes, qu'une fois le corps privé de ses qualités sensibles, il reste une forme de *relation* réciproque entre le corps et l'esprit, et les autres corps ; *relation* se manifestant par l'action qu'un corps est susceptible d'avoir sur nos « perceptions » et sur d'autres corps[188]. C'est là que nous remarquons la différence entre le physicien et le métaphysicien ; Newton, ici du moins, ramène une expérience intellectuelle, abstraite et métaphysique, en l'occurrence la privation mentale du corps de tous ses accidents (telle que Descartes la réalise dans les « Méditations Métaphysiques ») à une expérience de pensée beaucoup moins autonome vis à vis de l'expérience (empirique), puisque Newton inclut dans la notion de corps, les différents types de *relations* qu'un corps peut entretenir avec d'autres réalités, physiques ou psychiques, comme en témoignent, dans l'expérience justement, les influences observables que les corps ont les uns sur les autres, et la manière dont ils peuvent agir sur nos « perceptions ». N'oublions pas que la définition du corps

188 *Ibidem*, pp. 139-140.

donnée par Newton est négative, et relative aux autres corps. En effet, pour Newton, qu'est-ce qu'un corps ? C'est une portion de l'espace absolu que Dieu a décrétée impénétrable ; et impénétrable à quoi ? Aux autres corps. Par conséquent, nous voyons bien que même au summum de son investigation métaphysique sur la nature du corps, Newton ne conçoit pas le corps indépendamment d'une référence à l'expérience empirique. Il est clair que nous pouvons remplacer l'idée d'impénétrabilité par l'idée d'autonomie ou par celle d'indépendance : un espace devient un corps dès que Dieu (qui solidifie cet espace vide) empêche les autres corps d'y pénétrer. Ce postulat métaphysique concernant l'origine des corps doit rendre compte d'une évidence empirique : les corps que nous percevons sont disposés *séparément* dans l'espace, ne se confondant pas entre eux. Ainsi, la métaphysique newtonienne du corps, fondamentalement, ne nie jamais l'importance de l'expérience empirique (et donc, de la perception), s'y référant toujours, plus ou moins explicitement. Descartes, au contraire, détermine l'essence des corps indépendamment de toute considération sur les différents types de rapports que ces derniers peuvent entretenir entre eux, ou avec l'esprit qui les perçoit, n'accordant guère de crédit aux données de l'expérience empirique (au travers de laquelle se manifestent de tels rapports).

Conclusion

En modifiant les frontières ontologiques de la pensée cartésienne, Newton parvient à construire son propre système métaphysique, propédeutique à l'intégration de la loi de la gravitation en physique. Finalement, dans la métaphysique de Newton, les corps ne sont rien par eux-mêmes, ils sont des apparences décidées par Dieu. La frontière de l'image et du corps, corrélative de celle du sujet qui perçoit et de l'objet perçu, est bien trop ténue, bien trop opaque pour que la science de la gravitation soit fondée et légitimée à partir des attributs des corps et de la matière. L'étendue est le mode par lequel Dieu crée des figures ; et ces figures-mêmes n'ont pas d'autre substance que la volonté de Dieu qui, continûment, les maintient dans l'existence. Newton assume donc pleinement la nature fantasmagorique des corps : la dépendance ontologique de l'étendue vis à vis de la perception, (« [...] tout ce que nous croyons réel dans les corps vient de leurs apparences et de leurs qualités sensibles ») et l'incapacité de connaître avec certitude les desseins de Dieu constituent les deux principales raisons qui nous empêchent de déterminer distinctement la *nature* véritable des corps, et donc de nous assurer que ces derniers sont « [...] dotés d'une réalité en soi, complète, absolue et indépendante ».[189]

[189] *Ibidem*, p. 137.

Les corps ne sont donc point des substances, il est alors impossible de garantir leur objectivité, c'est-à-dire leur existence en soi. L'idée de corps « ne doit donc pas comprendre en elle d'autre réalité qu'une réalité dérivée et incomplète ». Ainsi, l'ontologie newtonienne ne parvient pas à déterminer distinctement la nature du corps ; le corps n'est rien sans Dieu, or, il « ne nous est pas permis de connaître les limites de la puissance divine »,[190] c'est pourquoi il est fort possible, d'après Newton, que Dieu crée « [...] des êtres semblables à des corps, qui produiraient toutes les actions des corps et en auraient les apparences, sans pour autant être des corps dans leur constitution essentielle et métaphysique. »[191] Une telle assertion, nous l'avons vu, atténue dramatiquement la frontière entre le rêve et l'éveil, et ne permet quasiment plus de différencier ces deux expériences du point de vue de leur *nature*. Le corps a donc fondamentalement peu de consistance, il a pratiquement le statut d'une illusion ou d'un songe ; c'est pourquoi des êtres que nous percevons en rêve « [...] ne seraient pas moins réels que les corps et ne pourraient pas moins être appelés substances ».[192]

Ainsi, l'essence des corps reste *nécessairement* indéterminée ; ces derniers, qui constituent les principaux "objets" d'étude de la science physique, ont donc une réalité trop instable, inconsistante et aléatoire, pour que Newton puisse, à partir d'elle seule, fonder métaphysiquement la légitimité d'une « science de la gravitation et de l'équilibre des fluides et des solides dans les fluides ». Par conséquent, afin qu'une science du mouvement des corps puisse néanmoins se développer à partir d'un référent stable, Newton n'a d'autre choix que de désincarner l'espace ; celui-ci, immatériel, imperceptible et immuable, forme alors la structure ultime du réel, les mouvements relatifs des corps pouvant être désormais rapportés aux parties de cet espace absolu, qui sont « immobiles »[193]. C'est en traçant

---

190 *Ibidem*, p. 130.
191 *Idem*.
192 *Ibidem*, p. 133.
193 *Ibidem*, § 4, p. 127, et § 5, p. 129.

cette frontière ontologique *infranchissable* entre l'espace et le corps que Newton rompt définitivement avec le mécanisme cartésien, et légitime l'hypothèse de l'attraction universelle. Mais opposer métaphysiquement l'espace et le corps implique certains problèmes. Tout d'abord, comment concevoir le *lien* entre l'espace *absolu* et l'espace *relatif* à la perception des corps ? Un tel lien ne semble pas pouvoir exister *réellement*, tant les attributs du premier sont radicalement incompatibles avec ceux du second, ce qui nous oblige à supputer que l'espace absolu n'est qu'une représentation propédeutique à l'élaboration d'un système, en l'occurrence ici, celui devant rendre compte de la gravitation universelle. Autre problème : comment fonder une science du mouvement des corps, s'il est impossible de déterminer avec exactitude la *nature* de ces derniers ? Si la nature des corps n'est point distinctement établie, nous devons admettre que les lois de la physique s'appliquent à des êtres qui n'existent peut-être pas *objectivement*, c'est-à-dire *indépendamment* de l'acte par lequel nous percevons ces derniers. Se pose donc ici, tout autant que dans l'ontologie cartésienne, le problème de la démarcation entre le sujet et l'objet, de la frontière entre la *res cogitans* et la *res extensa*. En effet, Comment déterminer, de façon certaine, l'*objet* d'une investigation scientifique ? Quel rapport cet *objet*, même le plus abstrait, entretient-il avec la perception du sujet ? Un atome, par exemple, ne peut-être perçu, mais ne devons-nous point reconnaître que sans la perception des corps, le postulat même de l'existence de l'atome n'aurait jamais pu voir le jour ? Or, comment s'assurer que les corps que nous percevons dans l'expérience dite « empirique », existent indépendamment de l'acte par lequel nous les percevons ? Comment distinguer *substantiellement* ces deux expériences que sont le rêve et l'éveil ? Comment différencier l'*essence* des objets qui s'y manifestent ? Si la frontière entre les deux expériences était si clairement et distinctement établie, pourquoi une telle incapacité, reconnue par Newton lui-même, à déterminer la nature des corps et de la matière ? Citons Berkeley qui, remarquablement, met en évidence ce problème ontologique de la nature des corps :

> Mais, même s'il était possible que des substances solides, figurées et mobiles existent hors de l'esprit, correspondant aux idées que nous avons des corps, comment nous est-il possible de le savoir ? Il faut que nous le sachions par le sens ou par la raison. Par nos sens nous avons uniquement la connaissance de nos sensations, de nos idées ou des choses immédiatement perçues par le sens, appelez-les comme vous voudrez : mais ils ne nous informent pas de l'existence de choses hors de l'esprit, ou non perçues, semblables à celles qui sont perçues. [...] Il reste donc, si nous avons quelque connaissance des choses extérieures, que ce soit par la raison, en inférant leur existence de ce qui est immédiatement perçu par le sens. Mais je ne vois pas quelle raison peut nous pousser à croire à l'existence des corps hors de l'esprit, à partir de ce que nous percevons [...]. Je dis que tout le monde accorde (et ce qui se passe dans les rêves, la folie, et autres états semblables, met cela au-dessus de toute discussion) qu'il est possible que nous soyons affectés de toutes les idées que nous avons maintenant, même s'il n'existait au-dehors aucun corps qui leur ressemblent.[194]

Nous avons vu que Newton avait parfaitement conscience de ce problème, et qu'il reconnaissait l'extrême difficulté (voire l'impossibilité) de déterminer substantiellement la véritable *nature* du corps. Pourtant, Newton ne manquait pas, nous venons de le souligner, de faire fréquemment appel à l'expérience empirique dans son argumentation ; n'est-ce point paradoxal, de douter de la réalité des corps, tout en accordant sa confiance à des données empiriques ? Non, car en définitive, peu importe la *nature* ou *essence* des êtres qui se situent dans l'espace, l'essentiel étant qu'aucun de ces êtres « n'existe ni ne peut exister sans être rapporté, de quelque manière, à l'espace ».[195]

Ainsi, en posant l'existence d'un espace incorporel, imperceptible, immobile, éternel et immuable, Newton

---

[194] George Berkeley, *Principes de la connaissance humaine*, GF-Flammarion, 1991, §18, p. 74.

[195] Newton, *De gravitatione et aequipondio fluidorum (De la gravitation suivi de Du mouvement des corps)*, Éditions Gallimard, 1995, p. 128.

neutralise deux problèmes fondamentaux : d'une part, la relativité du mouvement des corps, et, d'autre part, l'inconsistance ontologique de ces derniers. En effet, une fois acquise la certitude de l'existence d'un tel espace absolu, rien n'interdit de modéliser mathématiquement les *rapports* qu'entretiennent entre eux les êtres présents dans cet espace, quand bien même nous douterions de l'existence objective de ces êtres. L'idée d'*expérience empirique* tire donc sa légitimité, dans la philosophie newtonienne, des perfections ontologiques de l'espace *où* se situent les êtres. Et que ces êtres ne soient, substantiellement, point distincts de ceux que nous percevons au cours de nos rêves importe finalement peu pour le physicien, l'essentiel étant, pour la Raison, de dégager les lois régissant leurs interactions et influences réciproques. Ainsi, nous devons conclure ce travail en admettant, même si cela peut sembler incongru, que la théorie de la gravitation rend peut-être compte du mouvement d'objets dont nous croyons à tort qu'ils existent indépendamment de notre esprit. Tout le système newtonien repose donc, en définitive, sur le postulat de l'existence autonome (c'est-à-dire objective) d'un espace « absolu ». En désincarnant l'espace, en traçant une frontière ontologique irréductible entre l'espace et les corps, Newton permet que la science ne soit point dépendante uniquement de la considération de ces derniers :

> La substance [entendons le corps] est une illusion maintenue par Dieu seul ; si Dieu cessait de soutenir l'illusion, la substance serait annihilée, l'étendue ne le serait pas.[196]

---

[196] A. Rupert Hall and Marie Boas Hall, *Unpublished Scientific Papers of Isaac Newton*, A selection from the Portsmouth Collection in the University Library, Cambridge, 1978, p. 79. Dans sa version originale : « Substance is an illusion maintained by God alone ; if God ceased to keep up the illusion, substance would be annihilated, although extension would not. »

Table des matières

Suite des livres publiés par

FRONTIÈRES Groupe de Recherche by RETINA.International

Sous la direction de François Soulages

ŒUVRES des Frontières géoartistiques & géopolitiques

Bernard Kœst, *J'aurais tant aimé ! Aux frontières d'Argenton*, Paris, L'Harmattan, coll. RETINA.CRÉATION, 2015

Alejandro Erbetta, *Aux frontières de l'oubli, Journal de recherche, 2015,* Paris, L'Harmattan, coll. RETINA-CRÉATION, 2015

Gilles Picarel, *Les frontières de l'extériorité, Journal de recherche, 2015*, Paris, L'Harmattan, coll. RETINA-CRÉATION, 2015

Alejandro Erbetta, *Frontières & mémoires, Journal de recherche, 2014,* Paris, L'Harmattan, coll. RETINA-CRÉATION, 2014

Éric Bonnet (dir.), *Frontières & œuvres, corps & territoires,* Paris, L'Harmattan, Coll. Local & Global, 2014.

Katia Légeret (dir.), *Rodin et la danse de Çiva*, Saint-Denis, PUV, 2014.

LIEUX des Frontières géoartistiques & géopolitiques

Éric Bonnet & François Soulages (dir.), *Frontières & artistes. Espace public, (post)colonialisme & mobilité en Méditerranée*, Paris, L'Harmattan, collection Local & Global, 2014.

Éric Bonnet, François Soulages & Juliana Zevallos Tazza (dir.), *Memoria territorial y patrimonial. Artes & Fronteras*, Lima, Universidad Nacional Major de San Marcos Fondo Editorial, 2014, 212 p.

Michel Gironde (dir.), *Méditerranée & exil. Aujourd'hui,* Paris, L'Harmattan, collection *Eidos*, Série RETINA, 2014.

Eric Bonnet (dir.), *Le Voyage créateur,* Paris, L'Harmattan, collection *Eidos*, Série RETINA, 2010, 326 p.

Michel Costantini, *1779 Les nuées suspendues. Voyage européen à travers les arts au siècle des Lumières*, Paris, L'Harmattan, collection Intersémiotique des arts, 2009

Michel Costantini (dir.), *L'Afrique, le sens. Représentations, configurations, défigurations*, Paris, L'Harmattan, Collection *Eidos*, série E.I.D.O.S., 2007, 226 p.

FRONTIÈRES GÉOPOLITIQUES

Anna Krasteva & Despina Vasilcu (dir.), *Migrations en blanc. Médecins d'est en ouest,* Paris, L'Harmattan, collection Local & Global, 2014, 242 p.

Serge Dufoulon & Maria Rostekova (dir.), *Migrations, mobilités, frontières & voisinages,* Paris, L'Harmattan, collection Local & Global, 2012, 334 p.

Francis Massé, *Aux frontières du management. Manifeste pour un temps d'exigence*, Paris, L'Harmattan, collection Local & Global, 2015

FRONTIÈRES GÉOPHILOSOPHIQUES

François Soulages & Aniko Adam (dir.), *Les frontières du rêve*, Paris, L'Harmattan, coll. *Eidos*, série RETINA, 2015

Thierry Tremblay, *Frontières du sujet. Une esthétique du déclin*, Paris, L'Harmattan, coll. *Eidos*, série RETINA, 2015

Stéphane Kalla Karim, *Les frontières du corps & de l'espace*, Paris, L'Harmattan, coll. *Eidos*, série RETINA, 2015

FRONTIÈRES GÉONUMÉRIQUES

Imad Saleh, N. Bouhaï, Y. Jeanneret, S. Leleu-Merviel, L. Massou, I. Roxin, F. Soulages, M. Zaklad (dir.), *Pratiques & usages numériques*, H2PTM'13, Paris, Hermès, Lavoisier, 2013, 390 p.

Imad Saleh, Nasreddine Bouhaï & Hakim Hachour (dir.), *Les frontières numériques*, Paris, L'Harmattan, collection Local & Global, 2014.

Hakim Hachour, Nasrerddine Bouhaï & Imad Saleh (dir.), *Frontières numériques & savoir*, Paris, L'Harmattan, collection Local & Global, 2015.

Hakim Hachour, Nasrerddine Bouhaï & Imad Saleh (dir.), *Frontières numériques & artefacts*, Paris, L'Harmattan, collection Local & Global, 2015.

FRONTIÈRES GÉOESTHÉTIQUES

Pascal Martin & François Soulages (dir.), *Les frontières du flou*, Paris, L'Harmattan, coll. *Eidos*, Série RETINA, 2013, 230 p.

Pascal Martin & François Soulages (dir.), *Les frontières du flou au cinéma*, Paris, L'Harmattan, collection *Eidos*, Série RETINA, 2014, 214 p.

Michel Costantini (dir.), *Sémiotique des frontières, art & littérature*, Paris, L'Harmattan, coll. *Eidos*, série E.I.D.O.S., 2014.

Kenji Kitayama, *L'art, excès & frontières*, Paris, L'Harmattan, collection *Eidos*, Série RETINA, 2014.

Christine Buci-Glucksmann, Jacques Morizot & François Soulages (dir.), *Les frontières esthétiques de l'art*, Paris, L'Harmattan, collection arts 8, 1999, 204 p.

Dialogue FRONTIÈRES Lecture by RETINA.international INTER - RETINA Recherches Esthétiques & Théorétiques sur les Images Nouvelles & Anciennes

Suite des livres publiés dans la

Collection Eidos

by RETINA.International

dirigée par
François Soulages & Michel Costantini

Série Photographie

2 François Soulages (dir.), *Photographie & contemporain*
8 Catherine Couanet, *Sexualités & Photographie*
9 Panayotis Papadimitropoulos, *Le sujet photographique*
10 Anne-Lise Large, *La brûlure du visible. Photographie & écriture*
15 Michel Jamet, *Photos manquées*
16 Michel Jamet, *Photos réussies*
19 Marc Tamisier, *Sur la photographie contemporaine*
20 Marc Tamisier, *Texte, art et photographie.* **La théorisation de la photographie**
21 François Soulages & Julien Verhaeghe (dir.), *Photographie, médias & capitalisme*
22 Franck Leblanc, *L'image numérisée du visage*
23 Hortense Soichet, *Photographie & mobilité*
24 Benjamin Deroche, *Paysages transitoires. Photographie & urbanité*
25 Philippe Bazin, *Face à faces*
26 Philippe Bazin, *Photographies & Photographes*
27 Christiane Vollaire (dir.), **Ecrits sur images. Sur Philippe Bazin**
32 Catherine Rebois, *De l'expérience en art à la re-connaissance*
33 Catherine Rebois, *De l'expérience à l'identité photographique*
34 Benoit Blanchard, *Art contemporain, le paradoxe de la photographie*
45 Marcel Fortini, *L'esthétique des ruines dans la photographie de guerre*
47 Caroline Blanvillain, *Photographie et schizophrénie*
53 Rosane de Andrade, *Photographie & exotisme. Regards sur le corps brésilien*
54 Raquel Fonseca, *Portrait & photogénie. Photographie & chirurgie esthétique*
59 Zoé Forget, *Le corps hors norme dans la photographie contemporaine*

Série Artiste

50 Marc Giloux, *Anon. Le sujet improbable, notations, etc.*
52 Alain Snyers, *Le récit d'une œuvre 1975-2015*

Série Groupe E.I.D.O.S.

1 Michel Costantini (dir.), *Ecce Femina*
5 Groupe EIDOS, *L'image réfléchie. Sémiotique et marketing*
6 Michel Costantini (dir.), *L'Afrique, le sens. Représentations, configurations, défigurations*
7 Pascal Sanson & Michel Costantini (dir.), *Le paysage urbain*
28 M. Tamisier & M. Costantini (dir.), *Opinion, Information, Rumeur, Propagande*
46 Michel Costantini (dir.), *Sémiotique des frontières, art & littérature*

Hors Série

4 Michel Costantini (dir.), *Sémiotique du beau*
29 Michel Costantini (dir.), *La sémiotique visuelle : nouveaux paradigmes*

Publié avec le concours de

INTER-RETINA

Recherches Esthétiques & Théorétiques sur les Images Nouvelles & Anciennes

Philosophie

aux éditions L'Harmattan

Dernières parutions

ADORNO ET L'ANTIQUITÉ
D'Ulysse à Médée
Marre Jacqueline
Peut-on sauver Médée ? Et peut-on le faire grâce à la lecture du livre de Horkheimer et Adorno, *La dialectique de la Raison* ? Dans la tragédie grecque, Médée, que son mari Jason venait de répudier pour épouser la fille du roi, a tué ses enfants, et détruit le palais de Corinthe. Dans l'histoire de la philosophie, Adorno consacre à L'Odyssée un chapitre de *La dialectique de la Raison*, et présente Ulysse comme un farouche militant des progrès de la raison, « sacrifié pour l'abolition du sacrifice ». En suivant son exemple critique, on peut imaginer Médée comme la face noire d'Ulysse...
(Coll. Ouverture Philosophique, 29.50 euros, 286 p.)
ISBN : 978-2-343-04936-6, ISBN EBOOK : 978-2-336-37107-8

L'ART DU TEMPS
Essai
Lajous Olivier - Préface de Denis Terrien
Olivier Lajous questionne le rapport de l'homme au temps, en visitant l'histoire de la mesure du temps, en nous faisant réfléchir sur les choix qui nous sont donnés pour vivre le temps que nous avons, que ce soit le temps d'entreprendre, le temps de travail, le temps de la réflexion, et plus largement en explorant le temps de la science, le temps de l'art et le temps de nos civilisations.
(Coll. Diplomatie et stratégie, 14.50 euros, 138 p.)
ISBN : 978-2-343-05809-2, ISBN EBOOK : 978-2-336-37248-8

LA CONSCIENCE
Entité matérielle, spirituelle ou quantique ?
Gaubicher Jean-Jacques
Qu'est-ce que la conscience ? Que devient-elle à la mort ? Peut-on la distinguer des notions d'âme et d'esprit que suppose une approche religieuse ? Est-elle, comme l'avancent d'éminents chercheurs, dont plusieurs prix Nobel, une matrice conceptuelle survivant à la mort et dont les réalisations demeurent éternelles, conception se rapprochant du monde des idées de Platon et des philosophies orientales ? Mais alors comment ?
(21.00 euros, 220 p.)
ISBN : 978-2-343-05820-7, ISBN EBOOK : 978-2-336-37192-4

EXISTENCE ET IDENTITÉ
Logos et technê chez Plotin
Fattal Michel
Plotin, philosophe grec du IIIe siècle après J.-C., ayant vécu à Alexandrie et à Rome, offre au lecteur d'aujourd'hui un voyage merveilleux dans le monde «exotique» de la pensée antique. De quelle manière les Traités de Plotin invitent-ils le lecteur du XXIe siècle à adopter des catégories mentales qui lui sont «étrangères» ? Et comment l'installent-ils «à l'extérieur» du monde moderne qu'il habite ?
(Coll. Ouverture Philosophique, 15.50 euros, 158 p.)
ISBN : 978-2-343-04855-0, ISBN EBOOK : 978-2-336-37108-5

IMAGES DU MONDE
Quelle place pour la science?
Sous la direction d'Antonia Soulez et Pierre Fasula
L'expression «image du monde» est au centre de *La Certitude*, écrit de la maturité de Wittgenstein. Elle cristallise toute une série d'aspects liés à la représentation que nous nous faisons du monde d'un point de vue plus anthropologique que scientifique. Ici se trouvent réunies les conférences d'un groupe de spécialistes et lecteurs internationaux de Wittgenstein de différents horizons qui questionnent et expliquent cette expression à travers différentes approches.
(19.00 euros, 194 p.)
ISBN : 978-2-343-05560-2, ISBN EBOOK : 978-2-336-37195-5

NOUS-MÊMES ET LA TERRE
Critique et dépassement de l'idée technique du monde
Verstraten Philippe – Préface de Michel Deguy
Nous-mêmes et la terre est une critique de l'idée technique du monde, qui reconnaît la condition technique mais s'attache à reconquérir notre être sur chaque secteur technicisé : astrophysique, génomique, télécommunication, imagerie audiovisuelle... Le dépassement de l'idée technique du monde y apparaît comme la condition d'une existence historique libre, où est réfutée la croyance la plus fausse de notre temps selon laquelle la technologie serait l'art d'aujourd'hui.
(Coll. La philosophie en commun, 28.00 euros, 282 p.)
ISBN : 978-2-343-05518-3, ISBN EBOOK : 978-2-336-37155-9

PHILOSOPHIE ET EXPÉRIMENTATION SONORE
Celedón Gustavo
Cet ouvrage propose une approche des pensées de divers philosophes, notamment Alain Badiou, Jacques Rancière et Bernard Stiegler, pour se livrer à une pensée de l'expérimentation sonore. Il extrait des conséquences esthétiques, philosophiques et politiques à partir d'une enquête sur la pensée singulière du son habitant des pratiques expérimentales ayant pour question l'émancipation et l'exploration du sonore. Ces pratiques prennent place dans une période allant du XXe siècle à nos jours.
(Coll. La philosophie en commun, 32.00 euros, 318 p., Broché)
ISBN : 978-2-343-05045-4, ISBN EBOOK : 978-2-336-37295-2

PHILOSOPHES EUROPÉENS ET AFRICAINS
Les pensées historiales majeures
Mpoyi Mukala Alexis
Ce livre présente les trois voies existant en philosophie : la voie cosmologique, la voie anthropologique et la voie métaphysique. Toutes les questions philosophiques peuvent être abordées sous l'une de ces voies, qui ne sont pas trois domaines distinctifs de l'existence mais plutôt trois points de vue, trois points de départ pour engager une réflexion totale. Ce projet brosse également les pensées historiales des philosophes. En plus, il s'agit d'une réflexion éthique et d'une vue globale de la pensée africaine.
(20.00 euros, 208 p.)
ISBN : 978-2-343-04878-9, ISBN EBOOK : 978-2-336-37003-3

CAHIERS SIMONDON (Numéro 6)
Sous la direction de Jean-Hugues Barthélémy
Pour ce qui sera fort probablement leur dernier numéro sous forme papier, les *Cahiers Simondon* consacrent d'abord un dossier à trois enjeux de la pensée simondonienne de la technique. Le premier enjeu est celui de l'élaboration d'une «technologie» en tant qu'elle pourrait posséder une dimension normative. Le second enjeu est celui d'une refonte de la notion d'information par-delà la théorie de l'information et la cybernétique. Le troisième enjeu est celui d'une interprétation simondonienne des nanotechnologies.
(15.00 euros, 148 p.)
ISBN : 978-2-343-05207-6, ISBN EBOOK : 978-2-336-36844-3

L'HORIZON DE LA PENSÉE POÉTIQUE DE MARIA ZAMBRANO
Sous la direction de Carmen Revilla
L'œuvre de María Zambrano, témoin exceptionnel de certains des plus importants événements historico-culturels du XXe siècle, est l'une des plus remarquables contributions à la pensée contemporaine. Cet ouvrage se compose d'un certain nombre d'essais qui se rapportent, en premier lieu, à la particularité de l'écriture de Zambrano. Ils se concentrent, d'autre part, sur les caractéristiques qui font la singularité du mode de philosopher de l'auteur. Enfin, une partie de l'ouvrage est consacrée au dialogue que l'auteur entame avec les penseurs de son époque.
(Coll. La philosophie en commun, 26.00 euros, 266 p.)
ISBN : 978-2-343-05010-2, ISBN EBOOK : 978-2-336-36845-0

ESPÉRANCE, RÊVE, UTOPIE DANS LA PENSÉE D'ERNST BLOCH
Münster Arno
Comme « l'hérétique le plus productif » du marxisme, déterminé à faire une synthèse, dès *L'Esprit de l'Utopie* (1918), entre Karl Marx, la mort et l'apocalypse, Ernst Bloch a placé toute son œuvre sous le signe de l'espérance, de la « station debout » (*Aufrechter Gang*), de la dignité humaine et de l'« utopie concrète ». Les six conférences réunies dans ce livre s'efforcent d'explorer en profondeur ces dimensions de l'univers philosophique blochien.
(Coll. Ouverture Philosophique, 19.50 euros, 200 p.)
ISBN : 978-2-343-05173-4, ISBN EBOOK : 978-2-336-37007-1

QUESTIONS À LA PHÉNOMÉNOLOGIE
ou Candide à Fribourg-en-Brisgau
Palem Robert-Michel
Un médecin psychiatre s'interroge sur la phénoménologie, relit Husserl et ceux qui s'en réclament. Sont-ils vraiment si phénoménologues que cela ? Qu'ont-ils à attendre de la phénoménologie ? À quels préalables, ascèse ou entraînement doivent-ils se livrer ?
(Coll. Commentaires philosophiques, 17.00 euros, 174 p.)
ISBN : 978-2-343-04975-5, ISBN EBOOK : 978-2-336-36902-0

SECONDS ANALYTIQUES D'ARISTOTE
Commentaire de Thomas d'Aquin
d'Aquin Thomas, Delaporte Guy-François
Traduction de Guy-François Delaporte
Avec son traité de la démonstration intitulé *Seconds Analytiques*, c'est un véritable discours de la méthode qu'Aristote nous livre. Il parvient au sommet de l'art logique dont il est l'inventeur. Pourtant, de l'avis unanime des interprètes anciens et actuels, nous sommes devant un de ses écrits les plus difficiles à comprendre. C'est pourquoi Thomas d'Aquin a voulu commenter minutieusement ce texte dont il juge la maîtrise essentielle au travail intellectuel. Pour la première fois en langue française, nous en proposons une traduction qui permet d'accéder à cette école de rigueur : la logique.
(Coll. Ouverture Philosophique, 25.00 euros, 270 p.)
ISBN : 978-2-343-04839-0, ISBN EBOOK : 978-2-336-36987-7

LE SENS DU BIEN
Heidegger, interprète de Platon
Neykov Ivan
La pensée heideggérienne de l'être recèle un paradoxe : elle est à la fois le lieu de découvertes prodigieuses et de l'occultation d'une partie importante de l'être de l'homme : la dimension éthique. Afin de comprendre ce phénomène, notre recherche prend pour fil conducteur la manière restrictive dont Heidegger interprète le bien de Platon, à travers tout son chemin de pensée.
(Coll. Ouverture Philosophique, 28.50 euros, 280 p.)
ISBN : 978-2-343-05429-2, ISBN EBOOK : 978-2-336-37035-4

WALTER BENJAMIN
Politiques de l'image
Sous la direction de Alain Naze
L'image ne constitue pas seulement un objet de pensée chez Benjamin, mais vaut comme élément dans lequel se déploie sa pensée, à l'instar de la fulguration visuelle dans laquelle se donne l'image dialectique. Les textes ici réunis articulent les dimensions esthétique et politique de l'image, dans les champs du cinéma, de la photographie, ou encore de l'architecture, comme une manière d'interroger les ressources spécifiques des images techniques.
(Coll. Esthétiques, 23.00 euros, 226 p.)
ISBN : 978-2-343-05032-4, ISBN EBOOK : 978-2-336-36871-9

L'HARMATTAN ITALIA
Via Degli Artisti 15; 10124 Torino

L'HARMATTAN HONGRIE
Könyvesbolt ; Kossuth L. u. 14-16
1053 Budapest

L'HARMATTAN KINSHASA
185, avenue Nyangwe
Commune de Lingwala
Kinshasa, R.D. Congo
(00243) 998697603 ou (00243) 999229662

L'HARMATTAN CONGO
67, av. E. P. Lumumba
Bât. – Congo Pharmacie (Bib. Nat.)
BP2874 Brazzaville
harmattan.congo@yahoo.fr

L'HARMATTAN GUINÉE
Almamya Rue KA 028, en face
du restaurant Le Cèdre
OKB agency BP 3470 Conakry
(00224) 657 20 85 08 / 664 28 91 96
harmattanguinee@yahoo.fr

L'HARMATTAN MALI
Rue 73, Porte 536, Niamakoro,
Cité Unicef, Bamako
Tél. 00 (223) 20205724 / +(223) 76378082
poudiougopaul@yahoo.fr
pp.harmattan@gmail.com

L'HARMATTAN CAMEROUN
BP 11486
Face à la SNI, immeuble Don Bosco
Yaoundé
(00237) 99 76 61 66
harmattancam@yahoo.fr

L'HARMATTAN CÔTE D'IVOIRE
Résidence Karl / cité des arts
Abidjan-Cocody 03 BP 1588 Abidjan 03
(00225) 05 77 87 31
etien_nda@yahoo.fr

L'HARMATTAN BURKINA
Penou Achille Some
Ouagadougou
(+226) 70 26 88 27

L'HARMATTAN SÉNÉGAL
10 VDN en face Mermoz, après le pont de Fann
BP 45034 Dakar Fann
33 825 98 58 / 33 860 9858
senharmattan@gmail.com / senlibraire@gmail.com
www.harmattansenegal.com

L'HARMATTAN BÉNIN
ISOR-BENIN
01 BP 359 COTONOU-RP
Quartier Gbèdjromèdé,
Rue Agbélenco, Lot 1247 I
Tél : 00 229 21 32 53 79
christian_dablaka123@yahoo.fr

Achevé d'imprimer par Corlet Numérique - 14110 Condé-sur-Noireau
N° d'Imprimeur : 122779 - Dépôt légal : octobre 2015 - *Imprimé en France*

www.ingramcontent.com/pod-product-compliance
Lightning Source LLC
LaVergne TN
LVHW021221061026
849535LV00008B/2858